模拟电子线路实验与课程设计

**MONI DIANZI XIANLU
SHIYAN YU KECHENG SHEJI**

◎ 刘积学　朱　勇　主编

中国科学技术大学出版社

内 容 简 介

    本书是为了适应模拟电子线路实验教学改革的需要,在总结多年实验教学经验的基础上编写而成的实验教材。共安排了多类放大器电路、信号产生与处理电路、电源电路等8个项目的21个硬件实验,8个课程设计课题,以及通用的虚拟实验等环节。为了满足不同专业、不同课时、不同基础学生的需求,绝大部分项目实验按照由易到难的顺序进行安排,其内容和难易程度基本上覆盖了不同层次的教学要求,任课教师可以根据实际情况灵活选用。

    本书内容丰富实用,叙述简洁清晰,实践性强,注重测试、制作等实际动手能力的培养。可作为高等理工学校电子信息类、电气类及相近专业模拟电子线路实验及课程设计、毕业设计的教材使用,也可作为有关教师及从事电子设计竞赛的培训及电子技术工作的工程技术人员进行电子产品设计与制作的参考书。

图书在版编目(CIP)数据

模拟电子线路实验与课程设计/刘积学,朱勇主编. —合肥:中国科学技术大学出版社,2016.8(2024.7重印)

ISBN 978-7-312-04025-2

Ⅰ.模… Ⅱ.① 刘… ② 朱… Ⅲ.① 模拟电路—电子技术—实验—高等学校—教材 ② 模拟电路—电子技术—课程设计—高等学校—教材 Ⅳ.TN710-33

中国版本图书馆 CIP 数据核字(2016)第 149979 号

出版 中国科学技术大学出版社
      安徽省合肥市金寨路 96 号,230026
      http://press. ustc. edu. cn
      https://zgkxjsdxcbs. tmall. com

印刷 合肥市宏基印刷有限公司

发行 中国科学技术大学出版社

开本 710 mm×960 mm 1/16

印张 12.5

字数 238 千

版次 2016 年 8 月第 1 版

印次 2024 年 7 月第 4 次印刷

定价 26.00 元

前　　言

在电子学专业的本科教学中,实验教学是其中十分重要的环节。它对于提高教学质量,培养有实践工作能力的技术型人才起着重要的作用。多年来,我们在实验教学中坚持改革与创新,紧密围绕工程实际,逐步形成了电子学实验的教学体系。与此相适应,在不断补充、完善、修改原教学讲义的基础上,我们着手编写了这本《模拟电子线路实验与课程设计》。

"模拟电子线路"是一门实践性和应用性都很强的电子技术基础课程,实验环节至关重要。本书的目的是通过给学生创造一个良好的环境,使学生掌握模拟电子线路实验的基础知识、基本方法和基本技能;培养学生强烈浓厚的学习兴趣以及发现问题、提出问题、分析问题、解决问题最终达到独立获取知识的能力;培养学生的创新意识、创新精神和创新能力;培养学生实事求是的科学态度、严谨细致的工作作风和坚忍不拔的意志品质;提高学生的工程实践技能,以适应社会发展的需要,为今后从事相关领域的科学研究和技术开发打下坚实的基础。

本书分为常规硬件实验、课程设计实验、虚拟软件实验以及必要的附录四个内容板块,是为高等学校理工科电子信息类及相关专业编写的一本宽基础、厚实践、重能力、求创新的实验教材。全书在实验内容的安排上既与理论教学保持同步,又考虑到培养学生能力的循序渐进。根据模拟电子线路教学的基本内容及常用电路,常规硬件实验分为基础性、验证性、综合性三个层次,内容包括常用电子测量仪器的使用、电子元器件的性能测试及使用等必要的基础性实验,此外还安排了多种基本放大电路、集成运算电路、波形产生电路、功率放大电路、电源电路等8个项目,21个实验,绝大部分项目实验按照三个内容层次设计,供不同基础的学生进行选择,其中带"＊"号部分为选做内容。课程设计是将实验能力和工程能力有机结合的重要桥梁,本书选用了近些年来工程实际中的一些应用实例和电子竞赛的部分试题作为实训项目。课程设计部分介绍了课程设计的基本方法与步骤、设计报告的撰写、课程设计的质量评审等内容,并安排了 8 个训练性实验项目供课程设计训练使用。虚拟实验部分介绍了虚拟实验界面的属性与虚拟实验的基本操作和数据分析等相关内容以及共发射极放大器的虚拟实验示例。附录部分提供了常用电子元器件和模拟集成电路的基本知识,基本电量和元器件的测量方法,电子产品制作过程中必备的焊接、安装、调试方法及电子整机的安装调试技巧和维修方法。

　　本书适合于电子信息类、电气类及相近专业学生作为模拟电子线路实验及课程设计的教材使用,也可作为有关教师及从事电子设计竞赛培训或电子技术工作的工程技术人员进行电子产品设计与制作的参考资料。

　　本书由刘积学负责策划、组织和定稿,朱勇教授对书稿进行了审阅,参加本书编写工作的还有丁智勇、赵明、韦永梅、相乾、李世刚、赵发勇、王丽萍、刘红梅等老师。解放军电子工程学院的高卫东教授、张剑云教授,中国科学技术大学的李辉教授对本书的编辑与出版提出了很多宝贵的意见和建议,在此表示衷心的感谢。本书的出版得到了不少同行的关心和支持,并参阅和借鉴了不少学者的研究成果,在此也一并表示感谢!

　　编者衷心地期望本书的出版能够得到广大读者的关注与支持,使其在深化电子技术实验教学的改革和发展中发挥它应有的作用。受编者水平所限且时间仓促,书中难免有错误和疏漏之处,敬请广大读者批评指正。

编　者

2016 年 2 月

目　　录

实验要求

1. 实验前必须充分预习,完成指定的预习任务。

(1) 认真阅读实验教材,查阅相关资料,分析、掌握实验电路的工作原理,并进行必要的估算。

(2) 完成各实验"思考题"中指定的内容。

(3) 熟悉实验任务。

(4) 预习实验中所用各种仪器、仪表的使用方法及注意事项。

2. 使用仪器和实验箱前必须了解其性能、操作方法及注意事项,在使用时应严格遵守相应的操作规程。

3. 实验时接线要认真、仔细,可以相互仔细检查,确定无误后才能接通电源,初学或没有把握的时候应经指导教师审查同意后再接通电源。

4. 实验过程中应注意以下事项。

(1) 在进行小信号放大实验时,由于所用信号发生器及连接电缆的缘故,往往在进入放大器前就出现噪声或不稳定,有些信号源调不到毫伏以下,实验时可采用在放大电路的输入端加衰减的方法。一般可用实验箱中的固定电阻组成衰减器,这样连接电缆上信号电平较高,不易受干扰。

(2) 做放大电路实验时,如发现波形削顶失真或变成方波,应检查工作点设置是否正确,输入信号是否过大,实验箱所用三极管的放大倍数较大,特别是两级放大电路容易饱和失真。

(3) 实验给出的预设参数为参考值,如"输入端加入频率为 1 kHz 左右的正弦信号 V_s,调节函数信号发生器的输出旋钮,使放大器输入电压 V_i 在 10 mV 左右","左右"指该参考值的 $0.1 \sim 10$ 倍范围内,"10 mV"指有效值,用示波器观察,其峰-峰值在 $3 \sim 300$ mV 范围内。

5. 实验时应注意观察,若发现有异常现象(例如,有元件冒烟、发烫或有异味),应立即关断电源,保持现场,报告指导教师;找出原因、排除故障,经指导教师同意后再继续进行实验。

6. 实验过程中需要改接线时，应关断电源后才能拆、接线。

7. 实验过程中应仔细观察实验现象，认真记录实验结果（数据、波形、现象）。所记录的实验结果经指导教师审阅签字后再拆除实验线路。

8. 实验结束后，必须关断电源、拔出电源插头，并将仪器、设备、工具、导线等按规定整理好。

9. 实验后必须按要求独立完成实验报告。

项目 1　常用电子元器件与测量仪器的使用

实验 1.1　常用电子仪器的使用

实验目的

(1) 了解电子电路实验中常用的电子仪器的主要技术指标、性能。

(2) 掌握函数信号发生器、交流毫伏表、示波器、直流稳压电源、万用电表等的正确使用方法。

(3) 掌握常用电子仪器测量电信号参数的方法。

实验原理

1. 双踪示波器

实验室常用的模拟示波器是一种用途广泛的电子仪器,它既可以用于直接观察交直流电信号的波形,也能测定电压信号的幅度、周期、纹波等交流信号的参数,还可以测量两个电信号间的时间差和相位差等基本电量关系。配合各种传感器,它还可以用来观察各种非电量的变化过程。由于电子射线的惯性很小,响应快,因此模拟示波器可以在很广的频率范围内工作,采用高增益的放大器还可以观察微弱的电信号。

(1) 示波器的基本结构

示波器动态显示物理量随时间变化的基本思路是将这些变化量转换成随时间变化的电压,加在电极板上,极板间形成相应的变化电场,使进入这变化电场的电子运动情况相应地随时间变化,最后把电子运动的轨迹用荧光屏显示出来。

示波器的主要部分有示波管、带衰减器的 Y 轴放大器、带衰减器的 X 轴放大器、扫描发生器(锯齿波发生器)、触发同步和电源等,其结构方框图如图 1.1.1 所示。

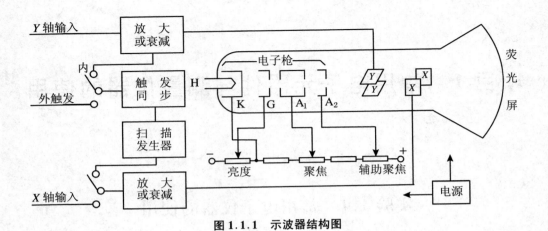

图 1.1.1　示波器结构图

① 示波管

示波管是示波器的心脏,主要由安装在高真空玻璃管中的电子枪、偏转板和荧光屏三个部分组成,全部密封在玻璃外壳内,里面抽成高真空。电子枪由灯丝 H、阴极 K、控制栅极 G、第一阳极 A_1、第二阳极 A_2 五部分组成。灯丝通电后加热阴极。阴极是一个表面涂有氧化物的金属筒,被加热后发射电子。控制栅极是一个顶端有小孔的圆筒,套在阴极外面。它的电位比阴极低,对阴极发射出来的电子起控制作用,只有初速度较大的电子才能穿过栅极顶端的小孔,在阳极加速下奔向荧光屏。示波器面板上的"亮度"调整就是通过调节电位以控制射向荧光屏的电子流密度,从而改变屏上的光斑亮度的。阳极电位比阴极电位高很多,电子被它们之间的电场加速形成射线。当控制栅极、第一阳极、第二阳极之间的电位调节合适时,电子枪内的电场对电子射线有聚焦作用,所以第一阳极也称聚焦阳极。第二阳极电位更高,又称加速阳极。面板上的"聚焦"调节的作用就是调节第一阳极电位,使荧光屏上的光斑成为明亮、清晰的小圆点。有的示波器还有"辅助聚焦",实际上是调节第二阳极电位。偏转系统由两对相互垂直的偏转板组成,一对垂直偏转板 Y,一对平行偏转板 X。在偏转板上加以适当电压,电子束通过时,就会在水平和垂直运动方向发生偏转,从而使电子束在荧光屏上的光斑位置也发生改变。当加速聚焦后的电子打到荧光屏上时,屏上所涂的荧光剂就会发光,从而显示出电子束的位置。当电子停止作用后,荧光剂的发光需经一定时间才会停止,称为余辉效应。电子束打到荧光屏上使荧光屏发光,显示出要观察的电压波形。荧光屏上光点的亮度取决于电子束中电子的数量,光点的粗细则由电子束的粗细决定。示波器就是利用光点给人眼造成的视觉暂留现象显示波形的,如果用快速照相机拍摄示波器显示的波形,底片上只是一个个的光点。

②　偏转板对电子束的作用

a. 当 X,Y 轴偏转板上的电压 $U_x = 0,U_y = 0$ 时,电子束打在荧光屏中央。

b. 当 X,Y 轴偏转板上的电压 $U_x > 0,U_y = 0$ 时,电子束将受到电场的作用力,使电子束向正极板偏转,光点将由荧光屏中央移动到右边;当 $U_x < 0,U_y = 0$ 时,光点将移动到左边。

c. 当 X,Y 轴偏转板上的电压 $U_x = 0,U_y > 0$ 时,光点向上移动;当 $U_x = 0,U_y < 0$ 时,光点向下移动。光点移动的距离与偏转板上所加的电压成正比。

d. 若在 Y 轴偏转板上加正弦电压($U_y = U_0\sin\omega t$),X 轴偏转板上不加电压($U_x = 0$),光点将沿 Y 轴方向移动。由于 U_y 是按照正弦规律变化的,所以光点在 Y 轴方向移动的距离也按正弦规律变化。因为 $U_x = 0$,所以光点在 X 轴方向无移动,在荧光屏上只能看到一条 Y 轴方向的直线(如图 1.1.2 所示),而不是正弦波形。

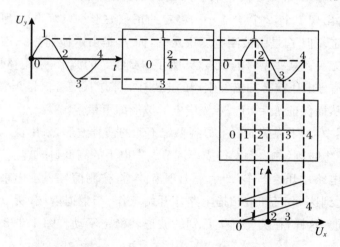

图 1.1.2　扫描原理

示波管本身相当于一个多量程电压表,这一作用是靠信号放大器和衰减器实现的。由于示波管本身的 X 及 Y 轴偏转板的灵敏度不高(0.1～1 mm/V),当加在偏转板上的信号过小时,要预先将小的信号电压加以放大后再加到偏转板上。为此设置 X 轴及 Y 轴电压放大器。衰减器的作用是使过大的输入信号电压变小以适应放大器的要求,否则放大器不能正常工作,导致输入信号发生畸变,甚至使仪器受损。对一般示波器来说,X 轴和 Y 轴都设置有衰减器,以满足各种测量的需要。

在示波管的 X,Y 轴偏转板上分别同时加上线形电压和正弦电压,若它们的周期相同,将一个周期分为相同的四个时间间隔,U_x 和 U_y 的值分别对应光点在 X 轴和 Y 轴上偏离的位置,将 U_x 和 U_y 的各投影光点连起来,即得被测电压的波形

（正弦）。完成一个波形后的瞬间，光点立刻返回到原点，完成一个周期，这根反跳线称为回扫线。因这段时间很短，线条比较暗，有的示波器采取措施（消隐电路）将其消除。

　③ 扫描与同步

　光点沿 X 轴变化及反跳的过程称为扫描。称 U_x 电压为扫描电压（锯齿波电压），它是由示波器内部扫描发生器（锯齿波发生器）产生的。这样，电子束不仅受到 U_y 的电场力上下运动，同时还受到 U_x 的作用展开成正弦波。

　上面讨论的波形因 U_x 和 U_y 的周期相等，荧光屏上将出现一个正弦波。若

$$f_y = nf_x \quad (n = 1,2,3,\cdots) \tag{1.1.1}$$

式中，n 为荧光屏上所显示的完整波形的数目。或者将式(1.1.1)表示为

$$T_x = nT_y \quad (n = 1,2,3,\cdots) \tag{1.1.2}$$

则荧光屏上将出现1个，2个，3个……稳定的正弦波形。只有当 f_y 为 f_x 的整数倍时，波形才稳定。但 f_y 是由被测电压决定的，而 f_x 是由示波器内扫描发生器决定的，两者相互无关。某些型号的示波器，为了得到稳定的波形，采用整步的方法，即将 Y 轴输入信号电压接至扫描发生器的电路中，强迫 f_x 随着信号频率的变化而变化（内整步），从而保证 $f_y = nf_x$，荧光屏上的波形即可稳定。

　在示波器中，为了在荧光屏上得到稳定不动的信号波形，采用被测信号来控制扫描电压的产生时刻，称为触发扫描。调节触发电平的高低，使被测信号达到某一定值时，扫描电路才开始工作，产生一个锯齿波，将被测信号显示出来。由于每次被测信号都达到这一定值时，扫描电路才开始工作，产生锯齿波，所以每次扫描显示的波形相同。这样，在荧光屏上看到的波形就稳定不动。图 1.1.3 为触发扫描的原理图。

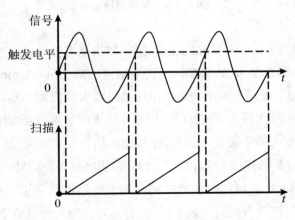

图 1.1.3　触发扫描的原理图

（2）示波器的应用

① 电压的测量

在测量时一般把"Volts/DIV"衰减开关附带的微调旋钮沿顺时针方向旋至满度的校准位置,这样可以按"Volts/DIV"的指示值直接计算被测信号的电压幅值。

由于被测信号一般都含有交流和直流两种成分,因此在测试时应根据下述方法操作。

a. 交流电压的测量。

当只需测量被测信号的交流成分时,应将 Y 轴输入耦合方式开关置"AC"位置,调节"Volts/DIV"衰减开关,使波形在屏幕中的显示幅度适中,调节"电平"旋钮使波形稳定,分别调节"垂直位移"和"水平位移",使波形显示值方便读取。根据"Volts/DIV"的指示值和波形在垂直方向上的坐标(DIV),按下式读取:

$$V_{\text{P-P}} = \text{V/DIV} \times Y(\text{DIV}) \tag{1.1.3}$$

$$V_{\text{有效值}} = \frac{V_{\text{P-P}}}{2\sqrt{2}} \tag{1.1.4}$$

b. 直流电压的测量。

当需测量被测信号的直流或含直流成分的电压时,应先将 Y 轴耦合方式开关置"GND"位置,调节"垂直位移"使扫描基线在一个合适的位置上,再将耦合方式开关转换到"DC"位置,调节"电平"使波形同步。根据波形偏移原扫描基线的垂直距离,用上述方法读取该信号的各个电压值。

② 频率的测量

在测量时,一般将"SeC/DIV"时基开关的微调旋钮沿顺时针方向旋至满度的校准位置,这样可以按"SeC/DIV"的指示值直接计算被测信号的频率。

a. 测出一个周期的水平距离 $X(\text{DIV})$,读出扫描时的基常数"SeC/DIV",即可求出频率 f:

$$T = \text{SeC/DIV} \times X(\text{DIV}) \tag{1.1.5}$$

$$f = \frac{1}{T} \tag{1.1.6}$$

b. 利用扫描频率求未知频率。由扫描原理可知,只有当输入信号频率为扫描频率的整数倍时,波形才是稳定的。利用这个关系,可以求得未知频率。示波器能精确直接得到扫描频率:

$$T' = \text{SeC/DIV} \times 10(\text{DIV}) \tag{1.1.7}$$

$$f' = \frac{1}{T'} \tag{1.1.8}$$

这种方法实质上也是一种比较法,应用这种比较法的条件是波形必须稳定。

2．交流毫伏表

交流毫伏表实质是一种内阻较高的电压表，其工作频率范围（20 Hz～1 MHz）比 50 Hz 工频仪表的频率适应范围更宽，主要用来测量正弦交流电压的有效值。使用时，为了防止交流毫伏表过载而损坏，测量前一般先将量程开关置于量程较大位置处（如 100 V），然后在测量中逐挡减小量程；当"输入"端加入测量电压时，表头应有指示。如果读数小于满刻度的 30%，逆时针方向转动量程旋钮，逐渐减小电压量程，使指针大于满刻度 30% 又小于满刻度值，读出指示值。刻度盘上一般有三条刻度线，从上至下，第一、第二条为电压刻度线，第三条为分贝刻度线。

若量程开关置于"1"字开头的各挡位（如 100 V，10 V，1 V，100 mV 等），在第一条刻度线上读数。若指针指至满量程即代表该量程挡之值。例如，量程开关置"100 mV"挡，指针满偏至"1"，即为 100 mV。若量程开关置于"3"字开头的各挡位（如 300 V，30 V，3 V，300 mV 等），则在第二条刻度线上读数。

读完数据后，再把量程开关拨回量程较大位置处（如 100 V），然后断开连线。

3．函数信号发生器

函数信号发生器主要由信号产生电路、信号放大电路等部分组成，按需要可以输出正弦波、方波、三角波三种常用信号波形。输出电压最大可达 $20V_{P-P}$。通过"波形选择"开关选择所需信号波形，通过"频段选择"（相当于楼层），找到所需信号频率所在的频段，配合"频率调节"（相当于房间号）旋钮，找到所需信号频率。通过输出衰减开关和输出幅度调节旋钮，得到所需信号幅度，可使输出电压在毫伏级到伏特级范围内连续调节。函数信号发生器作为信号源使用，它的输出端不允许短路。

实验内容

1．示波器的调整

（1）示波器面板上各旋钮、按钮的调节

① 将操作面板上的"亮度""聚焦""垂直位移""水平位移""衰减""时基"等旋钮先指向时钟 12 点方向，作为参考基准。

② 再将操作面板上的所有按钮弹出，依靠示波器自动调节时，选中（按下）"自动"和"常态"扫描电平旋钮，如果需要手动调节，只选中"常态"旋钮，辅助电平调节旋钮，能使波形显示更加稳定。

③ 接通电源，待荧光屏上出现扫描亮线后，调节"亮度""聚焦"旋钮，使扫描线汇聚成一束细线，让扫描线清晰悦眼。然后调节"垂直位移"和"水平位移"，使扫描线出现在荧光屏视场的正中央。

（2）示波器面板上辅助按钮的调节

① 通道选择按钮：信号送入某通道时选中该通道对应按钮。

② 触发按钮：以信号输入示波器的对应通道为准（双路输入时以信号较强的通道为基准）。

③ 交、直流按钮：观测直流信号中的交流成分或纯交流信号时使用"AC"耦合，否则使用"DC"耦合。

2. 用示波器定性观察函数信号发生器的输出波形

① 调节信号发生器的频段和频率调节旋钮，选中功能键的"正弦信号"或其他形式波形，使输出端能够输出需要的某种频率、某种波形的信号。

② 将信号发生器的输出信号通过专用信号线从示波器的"CH1"或"CH2"通道接口输入示波器内，选择对应通道按钮，调节"时基"及相应通道的"衰减"旋钮，使荧光屏上出现若干个稳定的波形，并且大小适中。

③ 调节"时基"旋钮，并将它内套的微调旋钮顺时针旋转到底关掉微调（进入校准位置），在显像管的视场内显示 2 个左右的完整的波形，若显示的波形不够稳定，可调整"扫描电平"对应的按钮以及"时基"旋钮内套的微调旋钮。

④ 调节"衰减"旋钮，并将它内套的微调旋钮顺时针旋转到底关掉微调（进入校准位置），使显示的波形占据 80% 以上的显像管垂直视场幅度，若显示的波形幅度不够理想，可调整"衰减"旋钮内套的微调旋钮。

⑤ 改用其他频率，调节信号发生器上的"幅度"旋钮和"衰减"旋钮，达到以上③、④的要求，并能使波形稳定。

⑥ 依次按下"方波"及"三角波"等其他波形按钮，观测波形，当要读取波形的相关参数时，一定要对"时基""衰减"进行校准。

3. 函数信号发生器与晶体毫伏表的使用

用毫伏表检查信号发生器"输出衰减"误差及在有载情况下输出电压的变化。信号频率为 1 kHz，负载开路时输出指示为 5 V。所测结果填入表 1.1.1 中。

表 1.1.1　毫伏表检测信号

信号发生器输出			空　载		加 1 000 Ω 负载	
输出指示	输出衰减	衰减比	毫伏表读数	相对误差	毫伏表读数	信号源内阻 R_s
4 V	0 (dB)					
	20 (dB)					
	40 (dB)					
	60 (dB)					

4. 用示波器测量函数信号发生器的输出波形参数

用示波器观察信号发生器的输出电压波形并用示波器测量出信号一个周期的

时间。信号发生器衰减置 0 dB,输出指示调至约 1 V,示波器图像高度调至约 4 格,按表 1.1.2 要求改变信号频率,调整示波器的扫描时基旋钮,使之能观测到一个完整周期的波形,长度最好不小于 5 格,并注意检查扫描微调应在校准位置。将测量值填入表 1.1.2 中。

表 1.1.2　示波器检测信号

信号 发生器	信号频率	100 Hz	1 kHz	20 kHz
	信号周期 T(s)			
示 波 器	时基常数(t/DIV)			
	信号一个周期长度(DIV)			
	周期测量误差(%)			
	衰减系数(V_{P-P}/DIV)			
	信号幅度(V_{P-P})			

操作中,注意体会扫描方式中的自动按钮与触发按钮之间的区别,并能正确地配合电平旋钮使用,自动按钮按下时电平旋钮应旋至"Lock",使波形与扫描同步。

＊5.示波器的双踪显示

将垂直方式选择置"CH1""CH2"方式,屏幕上应显示两条时基线,按图 1.1.4(b) 连接 RC 网络,注意示波器、信号发生器、RC 电路之间需共地相连。对不同频率的信号,观察 RC 网络的输入、输出波形和相位关系。测量出相位差,记入表 1.1.3 中。

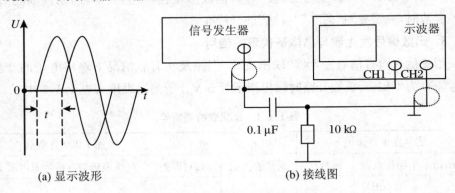

(a) 显示波形　　　　　　　　　　　(b) 接线图

图 1.1.4　双踪显示方式连接图

表 1.1.3　双踪显示测量

f	100 Hz	1 kHz	10 kHz
ΔT			
$\Delta \varphi$			

思考题

（1）用示波器观察正弦波时，在荧光屏上出现下列现象，原因是什么？

① 屏上呈现一竖直亮线；② 屏上呈现一水平线；③ 屏上呈现一亮点。

（2）用示波器观察频率为 30 Hz 的正弦电压时，为什么会出现较强的闪烁？

（3）荧光屏上波形移动，可能是什么原因引起的？

（4）示波器双踪显示时，应该如何选择触发？

实验 1.2　常用电子元器件特性的测试

实验目的

（1）掌握万用电表的主要性能及正确使用方法。

（2）掌握电阻、电容、晶体管等常用电子元器件参数的测量方法。

（3）了解常用电子元器件的主要性能参数。

实验原理

1. 模拟式万用表

万用表实质是一个微安表头通过不同的分流、分压电阻构成的不同的测量电路，当用来测量电阻时还必须在其内部安装电池，用万用表可以对晶体二极管、三极管、电阻、电容等进行粗测。

一般实验室常用的模拟式万用表主要为 MF47 等型号，等效电路如图 1.2.1 所示，其中的 R_0 为等效电阻，E_1 为表内电池，当万用表处于 $R \times 1$、$R \times 100$、$R \times 1$ k 挡时，一般 $E_1 = 1.5$ V，而处于 $R \times 10$ k 挡时，E_2 为 15 V 或 9 V。测量电阻时应根据"中值电阻"的大小合理地选择倍率。

测试电阻时要将红表笔与表内电池的负极（表笔插孔标"＋"号）相连接，而黑表笔与表内电池的正极（表笔插孔标"－"或"※"号）相连接。测量直流信号时，红笔接高电位端，测量电流时，应该将红、黑表笔串联在待测回路中。测量交流信号时，应注意待测信号的频率，一般来说，模拟表只能测量工频 50 Hz 的信号。

2. 晶体管特性图示仪

晶体管特性图示仪是一种可直接在示波管荧光屏上观察各种晶体管的特性曲线的专用仪器，内部结构如图 1.2.2 所示。通过仪器显示窗口的标尺刻度可直接

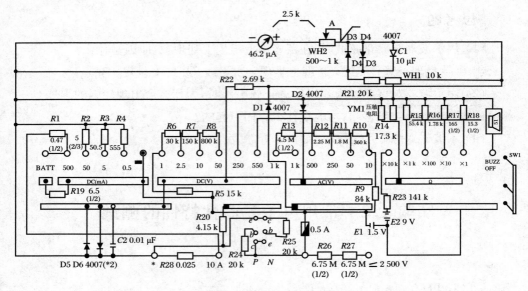

图 1.2.1 MF47 万用表内电路图

读出被测晶体管的多项参数;可以用来测量晶体管的共集电极、共基极、共发射极的输入特性、输出特性、转换特性,α 和 β 等参数特性;也可以测量各种反向饱和电流 I_{CBO},I_{CEO},I_{EBO} 和各种击穿电压 BU_{CBO},BU_{CEO},BU_{EBO} 等;还可以测定二极管、稳压管、可控硅、隧道二极管、场效应管及数字集成电路的特性。

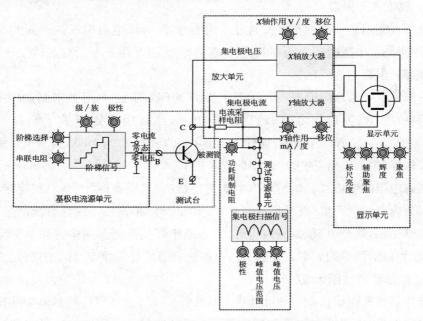

图 1.2.2 晶体管特征图示仪内部结构图

（1）二极管伏安特性的测试原理

流过二极管的电流 I 与二极管两端电压 U 的函数关系为 $I = I_S\left(e^{\frac{U}{U_T}} - 1\right)$，称为"二极管伏安特性"。可通过显示"伏安特性曲线"来定量显示被测二极管的"伏安特性"。由图 1.2.3（a）所示的二极管伏安特性曲线（正向区）可知，当将二极管两端的电压 U 由 0 逐渐增大时，二极管中的电流 I 会按照"二极管方程"的规律逐渐增大。

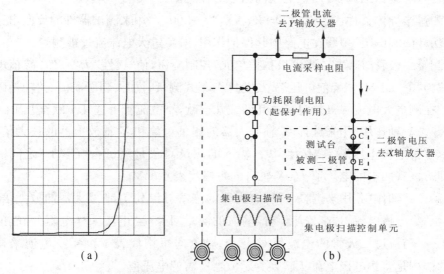

图 1.2.3 二极管伏安特性曲线测试原理图

将这一过程重复进行称为"电压扫描"。根据特性曲线所在的象限，用"X 轴作用"和"Y 轴作用"的"移位"旋钮调整扫描的原点至示波器屏幕的左下角或右上角。当测量二极管正向特性曲线时，由于曲线位于第一象限，所以应将原点调整至屏幕左下角。而反向特性曲线位于第三象限，应将原点调整至右上角，并将扫描电压极性选择为"－"。二极管两端的电压 U 经"X 轴放大器"放大后，控制示波器光点在 X 轴方向的运动。当电压由 0 逐渐增大时，光点从最左边的原点处向右水平移动，光迹的长度与电压值成正比。同时，流过二极管的电流 I（需变换成电压）经"Y 轴放大器"放大后，用来控制示波器光点在 Y 轴方向的运动。当电流由 0 逐渐增大时，光点由最下边的原点处向上垂直运动，光迹的长度与电流成正比。两者的共同作用就会使示波器的光点在屏面上显示出二极管的伏安特性曲线，并可根据示波管上的刻度定量读出电压、电流的数据。

① 将"测试选择"开关扳向中间（关），被测二极管插入测试台左侧"E"和"C"插

孔中,这时二极管没有加电;当其他选项调节好后,再将"测试选择"扳向"晶体管A"侧,进行加电测量。

② 测试二极管时,基极"阶梯信号"不起作用。加在被测二极管上的电压由"集电极扫描信号"单元提供,"集电极扫描信号"单元输出的是频率为 100 Hz 的脉动直流电压,波形如图 1.2.5 所示的正电压或负电压,由"极性"旋钮控制,可选"+"或"-";电压的峰值由"峰值电压范围"选择,可选"0~20 V"或"0~200 V",由"峰值电压"旋钮细调,可产生上述范围中的任意值。

测量半导体器件一般选择"0~20 V","0~200 V"用来测试器件的反向击穿电压,"功耗限制电阻"串联在电路中起保护作用,避免过大电流流过被测管。

测量二极管时,调节"集电极扫描单元"控制旋钮,使"极性"为"+","峰值电压范围"为"0~20 V","峰值电压"先旋为"0",正式测量时加大到所需值。"功耗限制电阻"在测量大电流二极管时可选几欧或几十欧,小电流管可选几十欧至几千欧。

③ "X 轴作用"用来选择 X 轴放大器的测量对象和 X 轴放大器的放大倍数,当扳至"集电极电压"0.1"伏/度"时,输入的测量对象是测试台"C""E"之间的电压,即二极管两端的电压值 U,X 轴方向每格代表 0.1 V。

④ "Y 轴作用"用来选择 Y 轴放大器的测量对象和 Y 轴放大器的放大倍数,当扳至"集电极电流"1"毫安/度"时,输入的测量对象是"电流采样电阻"两端的电压值——与流过二极管的电流值对应,Y 轴方向每格代表 1 mA。"电流采样电阻"的作用是将集电极电流 I 转换成示波器所需的电压值。

⑤ 如上所述设置好测量条件后,将测试台的"测试选择"开关扳向"晶体管 A"侧,并将峰值电压由 0 逐渐加大,便可观测到二极管的伏安特性曲线的正向区;如果要观察二极管的反向区曲线,可将二极管反插或将"集电极扫描信号"的"极性"扳向"-",并将扫描原点移至右上角。

(2) 三极管输出特性的测量

图 1.2.4 所示的三极管输出特性曲线可描述出三极管的集电极输出特性。由三极管的输出特性曲线可以测得三极管的电流放大倍数 β、饱和压降 U_{CES}、集电极输出电阻 r_{ce} 和集电极击穿电压 BU_{CEO},因此它是十分有用的。

在测试三极管输出特性时,首先要保持被测三极管的基极电流 I_B 为某个固定不变的值(例如 20 μA),以集电极电压 U_{CE} 作为变量,从 0 逐渐增大,逐点记录集电极电流 I_C 的值,绘出 U_{CE} 和 I_C 的关系曲线,得到在此 I_B 条件下(如 $I_B = 20$ μA)的一条输出特性曲线;然后,改变 I_B 的值,重复以上的操作,可绘出另一 I_B 条件下的输出特性曲线。由于 U_{CE}-I_C 曲线是以 I_B 为条件绘出的,所以 I_B 被称为"参变量"。

上述测量步骤在仪器中是连续、重复进行的,输入基极的电流 I_B 是一种阶梯形扫描电流,波形如图 1.2.5 所示,由 0 开始,以某个固定值(如 10 μA,仪器标志为 0.01 mA/级)逐级增大,图中每簇曲线为 4 级。以每一级 I_B 为参变量绘制一条输出特性曲线(对应每级 I_B,集电极电压扫描一次),这样将会得到以 I_B 为参变量的输出特性曲线簇(实际上所谓的输出特性曲线都是指输出特性曲线族)。将集电极电压 U_{CE} 输入 X 轴放大器放大后,控制示波管的水平扫描;将集电极电流 I_C 经取样电阻变换为电压后,送 Y 轴放大器,控制示波管的垂直扫描,便可在示波管屏面上产生输出特性曲线。

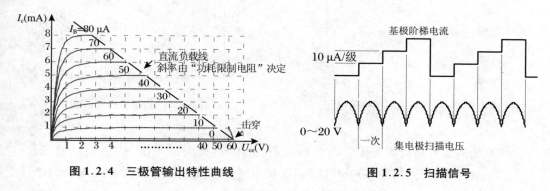

图 1.2.4　三极管输出特性曲线　　　　　图 1.2.5　扫描信号

实验内容

1. 万用表

(1) 直流电阻测量

先将开关转到电阻挡范围内,把红、黑表笔短接,调整"Ω"调零电位器 R_0。如图 1.2.6 所示,使指针指在 0 Ω 位置上(即满刻度位置),再将红、黑表笔分别接触被测电阻的两端,即可测出被测电阻的阻值。电阻的读数在第一条刻度线上读出,并需乘上该挡的倍率。注意每换一个挡位都必须进行欧姆调零,使用结束时,应将功能盘放置在交流电压的最高挡位处。

(2) 晶体二极管的判别

晶体二极管由一个 PN 结组成,具有单向导电性,其正向电阻小(一般为几百欧)而反向电阻大(一般为几十千欧至几百千欧),利用此点可进行判别。

① 管脚极性的判别

将万用表拨到 $R \times 100$(或 $R \times 1$ k)的欧姆挡,把二极管的两只管脚分别接到万用表的两根测试笔上,如图 1.2.7 所示。如果测出的电阻较小(几百欧),则与万用表黑表笔相接的一端是阳极,另一端就是阴极。相反,如果测出的电阻较大(几百千欧),那么与万用表黑表笔相连接的一端是阴极,另一端就是阳极。

② 二极管质量好坏的判别

一个二极管的正、反向电阻差别越大,其性能就越好。如果双向阻值都较小,说明二极管质量差,不能使用;如果双向阻值都为无穷大,则说明该二极管已经断路;如双向阻值均为零,说明二极管已被击穿。

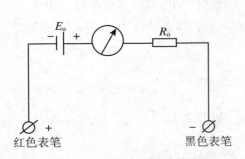

图 1.2.6　万用表电阻挡等值电路

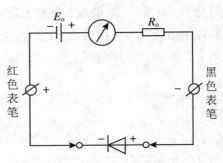

图 1.2.7　判断二极管极性

利用数字万用表的二极管挡也可判别阴、阳极,此时红表笔(插在"V·Ω"插孔)带正电,黑表笔(插在"COM"插孔)带负电。用两支表笔分别接触二极管两个电极,若显示值在 1 V 以下,说明管子处于正向导通状态,红表笔接的是阳极,黑表笔接的是阴极。若显示溢出符号"1",表明管子处于反向截止状态,黑表笔接的是阳极,红表笔接的是阴极。

③ 负载电流 L_I 和负载电压 L_V 的测量

在测量元件的电阻时,被测元件中流过的电流和它两端的端电压简称为负载电流 L_I 和负载电压 L_V。L_I,L_V 的刻度实际上是电阻挡的辅助刻度。L_I,L_V 和 R 之间的关系为 $L_I = L_V/R$。L_I 看第六条刻度线,L_V 看第五条刻度线。MF47 万用表的读数与欧姆挡各挡的关系如表 1.2.1 所示。

表 1.2.1　MF47 万用表的 I_L,U_L 读数关系

电阻挡	$R \times 1$	$R \times 10$	$R \times 100$	$R \times 1$ k	$R \times 10$ k
负载电流 I_L	0～90 mA	0～9.0 mA	0～0.9 mA	0～90 μA	0～90 μA
负载电压 U_L	0～1.5 V	0～1.5 V	0～1.5 V	0～1.5 V	0～15/9 V

例如,用 $R \times 100$ 电阻挡来测定某元件电阻时,如果测出的阻值为 1 000 Ω,同时在 L_I,L_V 刻度上读出 L_I 为 0.75 mA,L_V 为 0.75 V,即表示该元件在两端电压为 0.75 V 时其内部流过的电流为 0.75 mA。利用 L_V 的读数可以方便地知道二极管的材料种类。

（3）晶体三极管的判别

可以把晶体三极管的结构看作两个背靠背的 PN 结,对 NPN 型来说基极是两个 PN 结的公共阳极,对 PNP 型管来说基极是两个 PN 结的公共阴极,分别如图 1.2.8(a)和(b)所示。

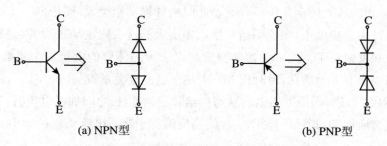

(a) NPN型　　　　　　　　(b) PNP型

图 1.2.8　晶体三极管结构示意图

① 管型与基极的判别

将万用表置于电阻挡,量程选 1 k 挡(或 $R \times 100$ 或 $R \times 10$ k),用万用表任一表笔先接触假定的基极,另一表笔分别接触其他两个电极,若两次测得的电阻均很小,则前者所接电极就是基极,如两次测得的阻值一大一小,相差很多,则前者假定的基极有误,应更换其他电极重新测试。

根据上述方法,可以找出公共极,该公共极就是基极 B,若基极是黑表笔找到的,则该管属 NPN 型管,反之则是 PNP 型管。

② 材料的判别

当两次测得的电阻均很小时,此时从 L_V 的刻度线上读出负载电压,一般来说,L_V 在 0.1~0.3 V 范围内说明晶体管是锗材料的,L_V 在 0.5~0.7 V 范围内说明晶体管为硅材料,即通过通压降的数值来判别材料。

③ 集电极与发射极的判别

为使三极管具有电流放大作用,发射结需加正偏置,集电结需加反偏置,如图 1.2.9 所示。

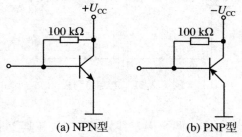

(a) NPN型　　　　　(b) PNP型

图 1.2.9　晶体三极管的偏置情况

当三极管基极 B 确定后,便可判别集电极 C 和发射极 E,同时还可以了解穿透电流 I_{CEO} 和电流放大系数 β 的大小。

先假设一个电极为集电极,集电极接电源正极(黑表笔),发射极接电源负极(红表笔)。测量时,用手(相当于 100 kΩ 左右的电阻)捏住基极和假设的集电极(两极不能相碰),如图 1.2.10 所示,若此时指针摆动幅度大,而把两个电极对调后万用表指针摆动幅度小,则说明指针摆动幅度大的这次假设是正确的,这样就可确定集电极和发射极了。指针的摆动幅度越大表示晶体管的电流放大系数 β 越大,如果万用表上有 hfe 插孔,可利用 hfe 来测量电流放大系数 β。

对 NPN 型管,当用万用电表欧姆挡给管子的 C,E 之间加正电压时,万用表的指针也会有所摆动,指针所指示的 I_L 值则反映管子穿透电流 I_{CEO} 的大小。

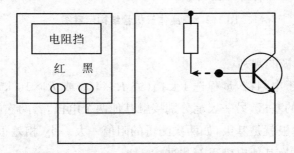

图 1.2.10　晶体三极管集电极、发射极的判别

(4) 电容的测量

电容的测量,一般应借助专门的测试仪器,通常用电桥。而用万用表仅能粗略地检查一下电解电容是否存在失效或漏电情况,测量电路如图 1.2.11 所示。

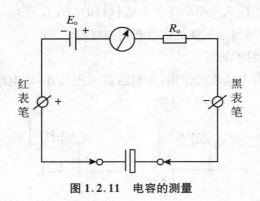

图 1.2.11　电容的测量

测量前应先将电解电容的两个引出线短接一下,使其上所充的电荷释放。然后将万用表置于 1 k 或 10 k 挡,并将电解电容的正、负极分别与万用表的黑表笔、

红表笔接触。在正常情况下,可以看到表头指针先是产生较大偏转(向零欧姆处),以后逐渐向起始零位(高阻值处)返回。这反映了电容器的充电过程,指针的偏转反映电容器充电电流的变化情况。

一般说来,表头指针偏转愈大,返回速度愈慢,则说明电容器的容量愈大,若指针返回到接近零位(高阻值),说明电容器的漏电阻很大,指针所指示的电阻值即为该电容器的漏电阻。对于合格的电解电容而言,其阻值通常在 500 kΩ 以上。电解电容在失效时(电解液干涸,容量大幅度下降)表头指针将偏转很小,甚至不偏转。已被击穿的电容器,其阻值接近于零。

对于容量较小的电容器(云母、瓷质电容等),原则上也可以用上述方法进行检查,但由于电容量较小,表头指针偏转也很小,返回速度又很快,实际上难以对它们的电容量和性能进行鉴别,仅能检查它们是否短路或断路。这时应选用 $R \times 10$ k挡测量。

2. 晶体管输出特性曲线的测试

"测试选择"位于"关",将被测三极管插入测试台左边的插座,三极管的管脚要插正确。以下为设置测试条件,根据测试要求设置。

(1) 集电极扫描信号

"峰值电压范围"选"0～20 V";"极性"选"＋";"功耗限制电阻"位于"500";"峰值电压"位于"0",测试时,再逐渐加大至所需值。

(2) 基极阶梯信号

"极性"选"＋";"阶梯作用"选"重复";"级/秒"选"200";"阶梯选择"的"mA/级"选"0.01"(即输出为阶梯电流,每级阶梯为 10 μA);"级/族"用来设置一族曲线的条数,即阶梯电流的级数,一般可根据显示的稳定情况,选 4～10 级,级数较大会造成显示闪动,观察不方便。

以下为波形的显示设置,相当于设置示波器的"量程范围"。如果设置不当,可能造成波形显示不全或显示偏小,应根据波形显示的情况设置。

(3) Y 轴作用

"mA/度"置于"集电极电流";"mA/度"为"1",表示 Y 轴的测试对象是集电极电流,量程是每度(1 方格)代表 1 mA。在测试时,如果显示的波形超出屏幕范围,应增大该值。

(4) X 轴作用

"V/度"置于"集电极电压";"V/度"为"1",表示 X 轴的测试对象是集电极电压,量程是每度 1 V。在测试时,应根据显示情况调节。例如,测量饱和压降 U_{CES} 时,应旋至0.1 V,而测试击穿电压 BU_{CEO} 时,应置于 10 V 或 20 V,这样才能测试准确。

图 1.2.4 中的虚线方格就是仪器示波管屏面的方格。为简化起见,同时表示出饱和压降 U_{CES} 和集电结反向击穿电压 BU_{CBO},X 轴量程的设置:左边为 1 DIV/V,右边为 10 DIV/V,真正测试时,不可能同时得到这种结果,请明确。而且,U_{CE} 和 I_C 两个坐标轴也不会显示在屏幕上,应在记录实验结果时,由测试者对应方格添上。由图 1.2.4 可以得到如下的参数:共射直流电流放大系数;共射交流电流放大系数;饱和压降;基极开路时,集电极、发射极间的击穿电压等。

▌思考题

(1) 模拟万用表与数字万用表有什么不同?

(2) 为什么用模拟万用表的不同电阻挡测量同一只二极管的正向电阻时,会有不同的测量结果? 同一个电阻挡测量不同材料制成的二极管时,也会有不同的测量结果吗?

(3) 如何用万用表判别 NPN 型或 PNP 型三极管的基极、集电极和发射极?

(4) 通常滑线变阻器在电路中有几种作用? 它们的接法有何不同?

(5) 为什么不能用双手接触万用表笔测量电阻?

(6) 如何判断电阻、电容、晶体管等元器件的质量好坏?

项目 2　单管放大电路

实验 2.1　晶体管共射极单管放大电路

实验目的

（1）掌握放大器静态工作点的调试方法。

（2）了解静态工作点对放大器性能的影响。

（3）掌握放大器电压放大倍数、输入电阻、输出电阻及最大不失真输出电压的测试方法。

（4）熟悉常用电子仪器及模拟电路实验设备的使用方法。

实验原理

图 2.1.1 为电阻分压式工作点稳定单管放大器实验电路图。它的偏置电路采用 R_b 和 R_{b2} 组成的可调分压电路，并在发射极中接有电阻 R_e，以稳定放大器的静态工作点。当在放大器的输入端加入输入信号 V_i 后，在放大器的输出端便可得到一个与 V_i 相位相反、幅值被放大了的输出信号 V_o，从而实现电压的放大。

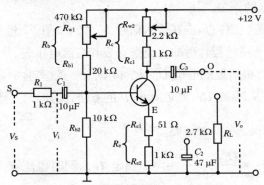

图 2.1.1　共射极单管放大器实验电路

在图 2.1.1 电路中,当流过偏置电阻 R_b 和 R_{b2} 的电流远大于晶体管 T 的基极电流 I_B 时(一般 5~10 倍),则它的静态工作点可用下式估算:

$$U_B \approx \frac{R_{b2}}{R_b + R_{b2}} U_{CC} \tag{2.1.1}$$

$$I_E \approx \frac{U_B - U_{BE}}{R_e} \approx I_C \tag{2.1.2}$$

$$U_{CE} = U_{CC} - I_C(R_C + R_e) \tag{2.1.3}$$

电压放大倍数:

$$A_V = -\beta \frac{R_C /\!/ R_L}{r_{be} + (1 + \beta) R_e} \tag{2.1.4}$$

若 R_e 被旁路,则电压放大倍数为

$$A_V = -\beta \frac{R_C /\!/ R_L}{r_{be}} \tag{2.1.5}$$

输入电阻为

$$R_i = R_b /\!/ R_{b2} /\!/ r_{be} \tag{2.1.6}$$

输出电阻为

$$R_o \approx R_C$$

由于电子器件性能的分散性比较大,因此在设计和制作晶体管放大电路时,离不开测量和调试技术。在设计前应测量所用元器件的参数,为电路设计提供必要的依据,在完成设计和装配以后,还必须测量和调试放大器的静态工作点和各项性能指标。一个优质放大器,必定是理论设计与实验调整相结合的产物。因此,除了学习放大器的理论知识和设计方法外,还必须掌握必要的测量和调试技术。

放大器的测量和调试一般包括:放大器静态工作点的测量与调试,消除干扰与自激振荡及放大器各项动态参数的测量与调试等。

1. 放大器静态工作点的测量与调试

(1) 静态工作点的测量

测量放大器的静态工作点,应在输入信号 $V_i = 0$ 的情况下进行,即将放大器输入端与地端短接,然后选用量程合适的直流毫安表和直流电压表,分别测量晶体管的集电极电流 I_C 以及各电极对地的电位 U_B,U_C 和 U_E。一般实验中,为了避免断开集电极,可以采用测量电压 U_E 或 U_C,然后算出 I_C 的方法,例如,只要测出 U_E,即可用

$$I_C \approx I_E = \frac{U_E}{R_E} \tag{2.1.7}$$

算出 I_C(也可根据 $I_C = \dfrac{U_{CC} - U_C}{R_C}$,由 U_C 确定 I_C),同时也能算出

$$U_{BE} = U_B - U_E, \quad U_{CE} = U_C - U_E \tag{2.1.8}$$

为了减小误差,提高测量精度,应选用内阻较高的直流电压表。

(2) 静态工作点的调试

放大器静态工作点的调试是指对管子集电极电流 I_C(或 U_{CE})的调整与测试。静态工作点是否合适,对放大器的性能和输出波形都有很大影响。如工作点偏高,I_C偏大,放大器在加入交流信号以后易产生饱和失真(I_C增大到不能再大时产生的失真),此时 V_o 的负半周将被削底,如图 2.1.2(a)所示;如工作点偏低则易产生截止失真(I_C减小到不能再小时产生的失真),即 V_o 的正半周被缩顶(一般截止失真不如饱和失真明显),如图 2.1.2(b)所示。这些情况都不符合不失真放大的要求。所以在选定工作点以后还必须进行动态调试,即在放大器的输入端加入一定的输入电压后,检查输出电压 V_o 的大小和波形是否满足要求,如不满足,则应调节静态工作点的位置。

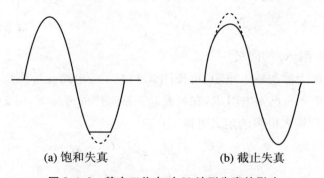

(a) 饱和失真　　　　　(b) 截止失真

图 2.1.2　静态工作点对 U_o 波形失真的影响

改变电路参数 U_{CC},R_C,R_B(R_b,R_{b2})都会引起静态工作点的变化,如图 2.1.3 所示。但通常多采用调节基极上偏置电阻 R_b(实际调整的是电阻 R_{w1})的方法来改变静态工作点,如减小 R_b,则可使静态工作点提高等。

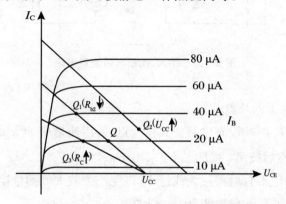

图 2.1.3　电路参数对静态工作点的影响

最后还要说明的是,上面所说的工作点"偏高"或"偏低"不是绝对的,而应该是相对信号的幅度而言的,如输入信号幅度很小,即使工作点较高或较低也不一定会出现失真。所以确切地说,产生波形失真是信号幅度与静态工作点设置配合不当所致。如需满足较大信号幅度的要求,静态工作点最好尽量靠近交流负载线的中点,所谓"理想的不一定合适,合适的不一定理想"。

2. 放大器动态指标测试

放大器的动态指标包括交流电压放大倍数、输入电阻、输出电阻、最大不失真输出电压(动态范围)和通频带等。

(1) 电压放大倍数 A_V 的测量

调整放大器到合适的静态工作点,然后加入输入电压 V_i,在输出电压 V_o 不失真的情况下,用交流毫伏表测出 V_i 和 V_o 的有效值 U_i 和 U_o,则有

$$A_V = \frac{U_o}{U_i} \tag{2.1.9}$$

(2) 输入电阻 R_i 的测量

为了测量放大器的输入电阻,可按图 2.1.4 中的电路在被测放大器的输入端与信号源之间串入一已知电阻 R,在放大器正常工作的情况下,用交流毫伏表测出 U_S 和 U_i,则根据输入电阻的定义可得

$$R_i = \frac{U_i}{I_i} = \frac{U_i}{\dfrac{U_R}{R}} = \frac{U_i}{U_S - U_i} R \tag{2.1.10}$$

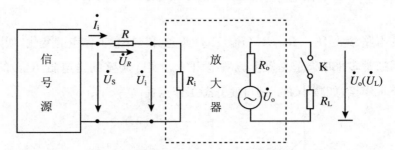

图 2.1.4　输入、输出电阻测量电路

测量时应注意下列几点:

① 由于电阻 R 两端没有电路公共接地点,所以测量 R 两端电压 U_R 时必须分别测出 U_S 和 U_i,然后按 $U_R = U_S - U_i$ 求出 U_R。

② 电阻 R 的值不宜取得过大或过小,以免产生较大的测量误差,通常取 R 与 R_i 为同一数量级为好,一般取 $R = 1 \sim 2 \ \text{k}\Omega$。

(3) 输出电阻 R_o 的测量

按图 2.1.4 中的电路,在放大器正常工作条件下,测出输出端不接负载 R_L 的输出电压 U_o 和接入负载后的输出电压 U_L,根据

$$U_L = \frac{R_L}{R_o + R_L} U_o \qquad (2.1.11)$$

即可求出

$$R_o = \left(\frac{U_o}{U_L} - 1 \right) R_L$$

在测试中应注意,必须保持 R_L 接入前、后输入信号的大小不变。

(4) 最大不失真输出电压 U_{oPP} 的测量(最大动态范围)

为了得到最大动态范围,应将静态工作点调在交流负载线的中点。为此在放大器正常工作情况下,逐步增大输入信号的幅度,并同时调节 R_{w1}(改变静态工作点),通过示波器观察 U_o,当输出波形同时出现削底和缩顶现象(如图 2.1.5)时,说明静态工作点已调在交流负载线的中点。然后反复调整输入信号,使波形输出幅度最大,且无明显失真时,用交流毫伏表测出 U_o(有效值),则动态范围等于 $2\sqrt{2}U_o$,或用示波器直接读出 U_{oPP} 来。

*(5) 放大器幅频特性的测量

放大器的幅频特性是指放大器的电压放大倍数 A_V 与输入信号频率 f 之间的关系曲线。单管阻容耦合放大电路的幅频特性曲线如图 2.1.6 所示,A_{Vm} 为中频电压放大倍数,通常规定电压放大倍数随频率变化下降到中频放大倍数的 $1/\sqrt{2}$,即 $0.707 A_{Vm}$ 时所对应的频率分别称为下限频率 f_L 和上限频率 f_H,则通频带 $f_{BW} = f_H - f_L$。

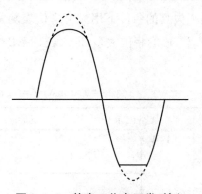

图 2.1.5 静态工作点正常,输入
信号太大引起的失真

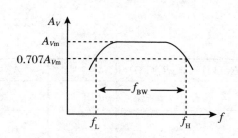

图 2.1.6 幅频特性曲线

放大器的幅频特性就是测量不同频率信号时的电压放大倍数 A_V。为此,可采用前述测 A_V 的方法,每改变一个信号频率,测量其相应的电压放大倍数,测量

时应注意取点要恰当,在低频段与高频段应多测几点(拐弯处),在中频段可以少测几点(直线段)。此外,在改变频率时,要保持输入信号的幅度不变,且输出波形不得失真。

实验内容

实验电路如图 2.1.1 所示,为了防止干扰,各仪器的公共端必须连在一起,同时信号源、交流毫伏表和示波器的引线应使用屏蔽线,屏蔽线的外包金属网应接在公共接地端上。

1. 调试静态工作点

按图 2.1.1 连接好电路,接通直流电源前,应先将 R_{w1} 调至最大,函数信号发生器输出旋钮旋至零。接通 +12 V 电源,调节 R_{w1},使 $I_C = 1.0$ mA(即 $U_E = 1.0$ V),用直流电压表测量 U_B,U_E,U_C 及用万用电表测量 R_{w1} 值,记入表 2.1.1 中。

表 2.1.1

$(I_C = 1 \text{ mA}, R_{w1} = \quad)$

测　量　值				计　算　值		
U_B(V)	U_E(V)	U_C(V)	R_{b2}(kΩ)	U_{BE}(V)	U_{CE}(V)	I_C(mA)

2. 测量电压放大倍数

在放大器的输入端加入频率为 1 kHz 左右的正弦信号 V_s,调节函数信号发生器的输出旋钮使放大器输入电压 V_i 在 10 mV(交流电压的有效值,下同)左右,同时用示波器观察放大器输出电压 V_o 的波形,在波形不失真的条件下用交流毫伏表测量下述三种情况下的 V_o 值,并用双踪示波器观察 V_o 和 V_i 的相位关系,记入表 2.1.2 中。

表 2.1.2

$(I_C = 1.0 \text{ mA}, V_i = \quad \text{mV})$

R_C(kΩ)	R_L(kΩ)	V_o(V)	A_V	观察记录一组 V_o 和 V_i 波形
2.7	∞			
1.3	∞			
2.7	2.7			

3. 观察静态工作点对电压放大倍数的影响

置 $R_C = 2.7$ kΩ,$R_L = \infty$,V_i 适量,调节 R_{w1},用示波器监视输出电压波形,在

V_o不失真的前提下,测量数组 I_C 和 V_o 值,记入表 2.1.3 中。

表 2.1.3

$(R_C = 2.7 \text{ k}\Omega, R_L = \infty, V_i = \quad \text{mV})$

$I_C(\text{mA})$			1.0	
$V_o(\text{V})$				
A_V				

测量 I_C 时,要先将信号源输出旋钮旋至零(即使 $V_i = 0$ V,称静态)。

4. 观察静态工作点对输出波形失真的影响

置 $R_C = 2.7$ kΩ, $R_L = 2.7$ kΩ, $V_i = 0$ V,调节 R_{w1},使 $I_C = 1.0$ mA,测出 U_{CE} 的值,再逐步加大输入信号,使输出电压 V_o 足够大但不失真。然后保持输入信号不变,分别增大和减小 R_{w1},使波形出现失真,绘出 V_o 的波形,并测出失真情况下的 I_C 和 U_{CE} 值,记入表 2.1.4 中。每次测 I_C 和 U_{CE} 值时都要将信号源的输出旋钮旋至零($V_i = 0$ 时电路的状态才成为静态)。

表 2.1.4

$(R_C = 2.7 \text{ k}\Omega, R_L = \infty, V_i = \quad \text{mV})$

$I_C(\text{mA})$	$U_{CE}(\text{V})$	V_o 波形	失真情况	管子工作状态
1.0				

5. 测量最大不失真输出电压

置 $R_C = 2.7$ kΩ, $R_L = 2.7$ kΩ,按照实验原理中所述方法,同时调节输入信号

的幅度和电位器 R_{w1}，用示波器或交流毫伏表测量 V_{oPP} 及 V_o 值，记入表 2.1.5 中。

表 2.1.5

（$R_C = 2.7$ kΩ，$R_L = 2.7$ kΩ）

I_C(mA)	V_{im}(mV)	V_{om}(V)	V_{oPP}(V)

6. 测量输入电阻和输出电阻

置 $R_C = 2.7$ kΩ，$R_L = 2.7$ kΩ，$I_C = 1.0$ mA。输入 $f = 1$ kHz 的正弦信号，在输出电压 U_o 不失真的情况下，保持 V_S 不变，分别接通和断开 R_L，测量出 V_S，V_i，V_o 和 V_L 的值记入表 2.1.6 中。

表 2.1.6

（$I_C = 1$ mA，$R_C = 2.7$ kΩ，$R_L = 2.7$ kΩ）

V_S(mV)	V_i(mV)	R_i(kΩ)		V_L(V)	V_o(V)	R_o(kΩ)	
		测量值	计算值			测量值	计算值

7. 测量放大器的幅频特性

取 $I_C = 1.0$ mA，$R_C = 2.7$ kΩ，$R_L = 2.7$ kΩ。保持输入信号 U_i 的幅度不变，改变信号源频率 f，逐点测出相应的输出电压 V_o，记入表 2.1.7 中。

表 2.1.7

（$V_i =$ 　mV）

	f_l	f_m	f_h
f(kHz)			
V_o(V)			
$A_V = V_o / V_i$			

为了使信号源频率 f 的取值合适，描绘的幅频特性曲线更准确地反映实际，可先粗测一下，找出中频范围，然后再仔细测试。

实验总结

（1）列表整理测量结果，并把实测的静态工作点、电压放大倍数、输入电阻、输出电阻的值与理论计算值比较（取一组数据进行比较），分析产生误差的原因。

（2）总结 R_C，R_L 及静态工作点对放大器电压放大倍数、输入电阻、输出电阻等的影响。

（3）讨论静态工作点变化对放大器输出波形的影响。

（4）分析讨论在调试过程中出现的问题。

思考题

（1）查阅资料，了解有关单管放大电路的内容并估算实验电路的性能指标。

假设：晶体管的 $\beta = 100$，$R_{b1} = 20$ kΩ，$R_{b2} = 10$ kΩ，$R_C = 2.7$ kΩ，$R_L = 2.7$ kΩ。估算放大器的静态工作点，电压放大倍数 A_V，输入电阻 R_i 和输出电阻 R_o。

（2）实验过程中可能会产生放大器的干扰现象，如何消除？

（3）能否用直流电压表直接测量晶体管的 U_{BE}？为什么实验中要采用测 U_B，U_E，再间接算出 U_{BE} 的方法？

（4）怎样测量 I_B 的值？

（5）当调节偏置电阻 R_{b1}，使放大器输出波形出现饱和或截止失真时，晶体管的管压降 U_{CE} 怎样变化？

（6）改变静态工作点对放大器的输入电阻 R_i 是否有影响？改变外接电阻 R_L 对输出电阻 R_o 是否有影响？

（7）在测试 A_V，R_i 和 R_o 时怎样选择输入信号的大小和频率？为什么信号源的频率一般都选择在 1 kHz 左右，而不选更高或更低的频率？

（8）测试中，如果将函数信号发生器、交流毫伏表、示波器中任一仪器的两个测试端子接线换位（即各仪器的接地端不再连在一起），将会出现什么问题？为什么？

（9）如果放大器的低频响应达不到设计要求，该如何调整元件？

（10）要想增大电路的增益，可以增大 R_C 的阻值，但是，增大后 U_{CE} 的动态范围减小了，有什么办法既能增大 R_C 的阻抗，又不减小 U_{CE} 的动态范围？

（11）如果 R_C 是具有频率特性的 LC 谐振电路，放大器的频率响应会怎样？

实验 2.2　场效应管放大电路

实验目的

（1）了解结型场效应管的性能和特点。

（2）进一步熟悉放大器动态参数的测试方法。

（3）了解场效应管放大器的可变电阻特性,了解高阻电路的测量方法。

实验原理

场效应管是一种电压控制型器件,按结构可分为结型和绝缘栅型两种类型。由于场效应管栅源之间处于绝缘或反向偏置状态,所以输入电阻很高(一般可达上百兆欧),又由于场效应管是一种多数载流子控制器件,因此热稳定性好,抗辐射能力强,噪声系数小。加之它制造工艺较简单,便于大规模集成,因此得到了越来越广泛的应用。

场效应管(FET)与双极型晶体三极管(BJT)一样能实现对信号的控制。由场效应管组成的基本放大电路与晶体三极管组成的放大电路类似,都需要有合适的静态偏置,保证其工作在恒流区。FET 的三个电极(G,D,S)分别和 BJT 的三个电极(B,C,E)对应,从工作原理上看,BJT 是通过 U_{BE} 及 I_B 来控制集电极电流 I_C 的,FET 则通过 U_{GS} 来控制漏极电流 I_D,它们之间存在对应关系。

和双极型晶体管相比场效应管的不足之处是共源跨导 g_m 值较低(只有"mS"级),MOS 管的绝缘层很薄,极容易被感应电荷所击穿。因此,在用仪器测量其参数或用烙铁进行焊接时,都必须使仪器、烙铁或电路本身具有良好的接地。焊接时,一般先焊 S 极,再焊其他极。不用时应将所有电极短接。

1. 结型场效应管的特性和参数

场效应管的特性主要有输出特性和转移特性。图 2.2.1 所示为 N 沟道结型场效应管 3DJ6F 的漏极特性和转移特性曲线。

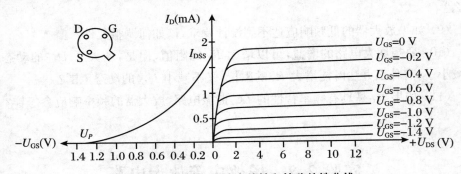

图 2.2.1　3DJ6F 的输出特性和转移特性曲线

场效应管的参数主要有饱和漏极电流 I_{DSS},夹断电压 U_P 等;交流参数主要有低频跨导 $g_m = \dfrac{\Delta I_D}{\Delta U_{GS}} \mid U_{DS} = $ 常数等。表 2.2.1 列出了常用场效应管 3DJ6F 的典型参数值及测试条件。

表 2.2.1

参数名称	饱和漏极电流 I_{DSS}（mA）	夹断电压 U_P（V）	跨导 g_m（μA/V）
测试条件	$U_{DS} = 10\ V$ $U_{GS} = 0\ V$	$U_{DS} = 10\ V$ $I_{DS} = 50\ \mu A$	$U_{DS} = 10\ V$ $I_{DS} = 3\ mA$ $f = 1\ kHz$
参数值	1～3.5	$< \mid -9 \mid$	> 100

2. 场效应管放大器性能分析

图 2.2.2 为结型场效应管组成的共源级放大电路。其静态工作点：

$$U_{GS} = U_G - U_S = \frac{R_{g1}}{R_{g1} + R_{g2}} U_{DD} - I_D R_S \tag{2.2.1}$$

$$I_D = I_{DSS}\left(1 - \frac{U_{GS}}{U_P}\right)^2 \tag{2.2.2}$$

中频电压放大倍数为

$$A_V = -g_m R_L' = -g_m R_D // R_L \tag{2.2.3}$$

输入电阻为

$$R_i = R_G + R_{g1} // R_{g2} \tag{2.2.4}$$

输出电阻为

$$R_o \approx R_D \tag{2.2.5}$$

式中，跨导 g_m 可由特性曲线用作图法求得，或用公式 $g_m = -\dfrac{2I_{DSS}}{U_P}\left(1 - \dfrac{U_{GS}}{U_P}\right)$ 计算。但要注意，计算时 U_{GS} 要用静态工作点处的数值。

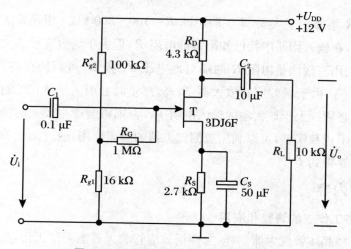

图 2.2.2　结型场效应管共源级放大器

3. 输入电阻的测量方法

场效应管放大器的静态工作点、电压放大倍数和输出电阻的测量方法,与实验2.1 中晶体管放大器的测量方法相同。其输入电阻的测量,从原理上讲,也可采用实验 2.1 中所述方法,但由于场效应管的 R_i 比较大,如直接测输入电压 U_s 和 U_i,则限于测量仪器的输入电阻有限,必然会带来较大的误差。因此为了减小误差,常利用被测放大器的隔离作用,通过测量输出电压 U_o 来计算输入电阻。测量电路如图 2.2.3 所示。

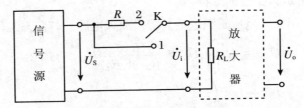

图 2.2.3　输入电阻测量电路

在放大器的输入端串入电阻 R,把开关 K 拂向位置 1(即使 $R=0$),测量放大器的输出电压 $U_{o1} = A_V U_s$;保持 U_s 不变,再把 K 拂向 2(即接入 R),测量放大器的输出电压 U_{o2}。由于两次测量中 A_V 和 U_s 保持不变,故

$$U_{o2} = A_V U_i = \frac{R_i}{R + R_i} U_s A_V \tag{2.2.6}$$

由此可以求出

$$R_i = \frac{U_{o2}}{U_{o1} - U_{o2}} R \tag{2.2.7}$$

式中,R 和 R_i 不要相差太大,本实验可取 $R = 100 \sim 200$ kΩ。用换算法测量放大器的输入电阻,在输入回路串接已知阻值的电阻 R,但由于场效应管放大器的输入阻抗很高,若仍用直接测量电阻 R 两端对地电压 U_s 和 U_i 进行换算的方法,将会产生两个问题:① 由于场效应管放大器 R_i 高,测量时会引入干扰;② 测量所用的电压表的内阻必须远大于放大器的输入电阻 R_i,否则将会产生较大的测量误差。为了消除上述干扰和误差,可以利用被测放大器的隔离作用,通过测量放大器输出电压来进行换算得到 R_i。

实验内容

1. 静态工作点的调整和测量

与双极型晶体管放大器一样,为使场效应管放大器能正常工作,也需选择恰当的直流偏置电路以建立合适的静态工作点。

　　场效应管放大器的偏置电路形式主要有自偏压电路和分压器式自偏压电路（增强型 MOS 管不能采用自偏压电路）两种。

　　① 按图 2.2.2 连接电路，令 $U_i = 0$ V，接通 + 12 V 电源，用直流电压表测量 U_G，U_S 和 U_D。检查静态工作点是否在特性曲线放大区的中间部分。如合适则把结果记入表 2.2.2 中。

　　② 若不合适，则适当调整 R_{g2} 和 R_S，调好后，再测量 U_G，U_S 和 U_D，将结果记入表 2.2.2 中。

表 2.2.2

测量值						计算值		
U_G(V)	U_S(V)	U_D(V)	U_{DS}(V)	U_{GS}(V)	I_D(mA)	U_{DS}(V)	U_{GS}(V)	I_D(mA)

2. 电压放大倍数 A_V、输入电阻 R_i 和输出电阻 R_o 的测量

（1）A_V 和 R_o 的测量

　　在放大器的输入端加入 $f = 1$ kHz，50 mV 左右的正弦信号 U_i，并用示波器监视输出电压 U_o 的波形。在输出电压 U_o 不失真的情况下，用交流毫伏表或示波器分别测量 $R_L = \infty$ 和 $R_L = 10$ kΩ 时的输出电压 U_o（注意：保持 U_i 幅值不变），将结果记入表 2.2.3 中。

表 2.2.3

	测　量　值				计　算　值		U_i 和 U_o 波形
	U_i(V)	U_o(V)	A_V	R_o(kΩ)	A_V	R_o(kΩ)	
$R_L = \infty$							
$R_L = $ 10 kΩ							

　　用示波器同时观察 U_i 和 U_o 的波形，描绘出来并分析它们的相位关系。

　　（2）R_i 的测量

　　按图 2.2.3 改接实验电路，选择合适大小的输入电压 U_S（一般 50～100 mV），将开关 K 掷向"1"，测出 $R = 0$ Ω 时的输出电压 U_{o1}，然后将开关掷向"2"（接入 R），保持 U_S 不变，再测出 U_{o2}，根据公式（2.2.7）求出 R_i，记入表 2.2.4 中。

表 2.2.4

测　　量　　值			计　算　值
U_{o1} (V)	U_{o2} (V)	R_i(kΩ)	R_i(kΩ)

实验总结

(1) 整理实验数据,将测得的 A_V,R_i,R_o 和理论计算值进行比较。

(2) 把场效应管放大器与晶体管放大器进行比较,总结场效应管放大器的特点。

(3) 分析测试中的问题,总结实验收获。

思考题

(1) 分别用图解法与计算法估算场效应管放大电路的静态工作点(根据实验电路参数),求出工作点处的跨导 g_m。

(2) 场效应管放大器输入回路的电容 C_1 为什么可以取得小一些(可以取 $C_1 = 0.1\ \mu F$)?

(3) 在测量场效应管静态工作电压 U_{GS} 时,能否将直流电压表直接并在 G,S 两端测量? 为什么?

(4) 为什么测量场效应管输入电阻时要用测量输出电压的方法?

(5) 如何用万用表判别结型场效应管的沟道类型及好坏?

(6) 用万用表的直流电压挡直接测量场效应管的工作点存在什么缺点?

实验 2.3　射极输出电路

实验目的

(1) 掌握射极输出器的特点。

(2) 进一步学习放大器各项参数的测试方法。

(3) 了解"自举"电路在提高射极输出器输入电阻时的作用。

实验原理

共集电极放大电路的输出信号取自发射极,常常称为射极跟随器,原理图如图

2.3.1 所示。它是一个电压串联负反馈放大电路，具有输入电阻高，输出电阻低，电压放大倍数接近于 1，输出电压能够在较大范围内跟随输入电压作线性变化，以及输入、输出信号同相等特点。射极跟随器的输出取自发射极，又称为射随器、缓冲器等。

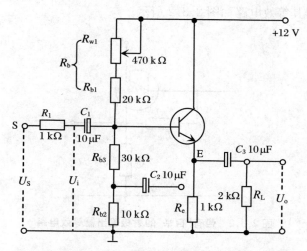

图 2.3.1 带有"自举"的单管射极输出器实验电路

对射极输出电路的电路分析如下。

（1）静态工作点

$$I_B = \frac{V_{CC} - V_{BE}}{R_b + (1+\beta)R_e}, \quad I_C = \beta I_B \tag{2.3.1}$$

$$V_{CE} = V_{CC} - I_E R_e \approx V_{CC} - I_C R_e \tag{2.3.2}$$

（2）电压增益

$$A_V = \frac{u_o}{u_i} = \frac{i_b(1+\beta)(R_e /\!/ R_L)}{i_b[r_{be} + (1+\beta)(R_e /\!/ R_L)]} = \frac{(1+\beta)(R_e /\!/ R_L)}{r_{be} + (1+\beta)(R_e /\!/ R_L)} \approx 1 \tag{2.3.3}$$

（3）输入电阻

$$R_i = R_b /\!/ [r_{be} + (1+\beta)R_e] \approx R_b /\!/ \beta R_e \tag{2.3.4}$$

如果 $R_b \to \infty$，则 $R_i \approx \beta R_e$。

（4）输出电阻

$$R_o = \frac{u}{i} = R_e /\!/ \frac{(R_S /\!/ R_b) + r_{be}}{1+\beta} \tag{2.3.5}$$

（5）共集电极电路特点

① 输出电压 V_o 与输入电压 V_i 同相，电压增益接近于 1。

② 输入电阻高,对电压信号源衰减小。

③ 输出电阻低,带负载能力强。

实验原理:在图 2.3.1 中,C_2 为自举电容,引入"自举"电路可使阻值较小的基极直流偏置电阻 R_{b1} 和 R_{b2} 对信号源呈现相当大的交流输入电阻。具有"自举"电路的射极输出器其等效电路如图 2.3.2 所示。

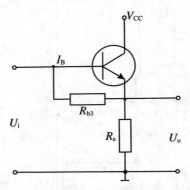

图 2.3.2　带有"自举"的射极输出器等效电路

由图可见 U_i 升高,U_o 也升高,通过 R_{b3} 使 U_B 相应抬高,即用输出电压的上升去"举高"自己的基极电压,所以称为"自举"电路。由于 U_o 与 U_i 同相,则 R_{b3} 两端的电压就很小,因而流过 R_{b3} 的电流 I_R 也很小。即 R_{b3} 的分流作用大大减弱,相当于从 U_i 看进去 R_{b3} 的等效输入电阻被大大提高了。

实验内容

1. 按实验电路接线

按图 2.3.1 连接电路(部分电路需利用实验台面板上的元件自行搭接)。先使其处于无自举状态(即将 C_2 不接入电路)。

2. 静态工作点的调整

接通 +12 V 电源,在输入端加入 $f=1$ kHz 的正弦信号 U_i(U_i 大于 100 mV),输出端用示波器监视,反复调整 R_{w1} 及信号源的输出幅度,使在示波器的屏幕上得到一个最大的不失真输出波形。然后置 $U_i=0$ V,用直流电压表测量晶体管各电极对地电位,将测得数据记入表 2.3.1 中。

表 2.3.1

U_E(V)	U_B(V)	U_C(V)	$I_E=\dfrac{U_E}{R_e}$(mA)

在下面整个测试过程中应保持 R_{w1} 值不变(即 I_E 不变)。

3. 测量电压放大倍数 A_V

接入负载 $R_L = 2\ k\Omega$,在输入端加入 $f = 1\ kHz$ 的正弦信号 U_i,调节输入信号的幅度,用示波器观察输出波形 U_o,在输出最大不失真的情况下,用示波器或交流毫伏表测 U_i,U_L 值,记入表 2.3.2 中。

表 2.3.2

U_i(V)	U_L(V)	$A_V = \dfrac{U_L}{U_i}$

4. 测量输出电阻 R_o

断开负载 R_L,加入 $f = 1\ kHz$ 的正弦信号 U_i(幅度通常取 100 mV,下同),用示波器监视输出波形,测空载输出电压 U_o。接上负载 $R_L = 2\ k\Omega$,测出有负载时的输出电压 U_L,记入表 2.3.3 中。

表 2.3.3

U_o(V)	U_L(V)	$R_o = \left(\dfrac{U_o}{U_L} - 1\right)R_L$(k$\Omega$)

5. 测量输入电阻 R_i

加入 $f = 1\ kHz$ 的正弦信号 U_S,使得 U_i 在 100 mV 以上,用示波器监视输出波形,用示波器或交流毫伏表分别测出对地电位 U_S,U_i,记入表 2.3.4 中。

表 2.3.4

U_S(V)	U_i(V)	$R_i = \dfrac{U_i}{U_S - U_i}R$(k$\Omega$)

6. 测量自举特性

将 C_2 右端与 R_e 上端相连,即引入"自举"。重新测量输入电阻 R_i'。

7. 测试跟随特性

接入负载 $R_L = 1\ k\Omega$,加入 $f = 1\ kHz$ 的正弦信号 U_i,逐渐增大信号 U_i 的幅度,用示波器监视输出波形直至输出波形达最大不失真,测量对应的 U_L 值,记入表 2.3.5 中。

表 2.3.5

$U_i(V)$	
$U_L(V)$	

8. 测试频率响应特性

保持输入信号 U_i 幅度不变,改变信号源频率,用示波器监视输出波形,用示波器或交流毫伏表测量不同频率下的输出电压 U_L 值,记入表 2.3.6 中。

表 2.3.6

$f(kHz)$	
$U_L(V)$	

▌实验总结

(1) 复习射极输出器的工作原理及特点。

(2) 分析射极跟随器的性能和特点。

(3) 根据图 2.3.1 的参数值估算静态工作点,并画出交、直流负载线。

(4) 画出 $U_L = f(U_i)$ 和 $U_L = f(f)$ 的曲线,分析电压跟随特性和频率响应特性。

▌思考题

(1) 根据实验电路参数,估算典型差动放大器和具有恒流源的差动放大器的静态工作点及差模电压放大倍数(设 $\beta_1 = \beta_2 = 100$)。

(2) R_e 的选择对提高放大电路输入电阻有何影响?

(3) 射极电压跟随器的电压放大倍数小于、近于 1,这种放大器还有放大能力吗?

项目 3　多管放大电路

实验 3.1　基本差动放大电路

实验目的

(1) 了解差动放大电路性能的特点。

(2) 掌握差动放大器主要性能指标的测试方法。

(3) 了解 R_E 对共模信号的抑制作用。

实验原理

图 3.1.1 为基本差动放大器的基本结构,它由两个元件参数相同的基本共射放大电路组成。温度变化时,两管集电极电流以及相应的集电极电压发生相同的变化,在电路完全对称的情况下,双端输出(两集电极间)的电压可以始终保持为零,从而抑制了零点漂移。

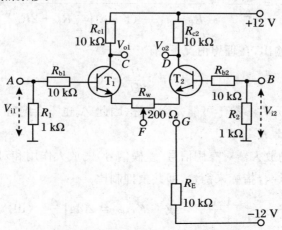

图 3.1.1　基本差动放大器实验电路

当 F 点和 G 点相连接时,就构成了典型的长尾式差动放大器。调零电位器 R_w 用来调节 T_1,T_2 管的静态工作点,使得输入信号 $V_i = 0$ 时,双端输出电压 $V_o = 0$。R_E 为两管共用的发射极电阻,它对差模信号无负反馈作用,因而不影响差模电压的放大倍数,但对共模信号有较强的负反馈作用,故可以有效地抑制零点漂移,稳定静态工作点。

1. 估算静态工作点

$$I_E \approx \frac{|U_{EE}| - U_{BE}}{R_E} \quad (\text{认为 } U_{B1} = U_{B2} \approx 0) \tag{3.1.1}$$

$$I_{C1} = I_{C2} = \frac{1}{2} I_E \tag{3.1.2}$$

2. 差模电压放大倍数和共模电压放大倍数

当差动放大器的射极电阻 R_E 足够大,或采用恒流源电路时,差模电压放大倍数 A_d 由输出端方式决定,而与输入方式无关。

① 双端输出,$R_E = \infty$,R_w 在中心位置时,有

$$A_d = \frac{\Delta U_o}{\Delta U_i} = - \frac{\beta R_C}{R_B + r_{be} + \frac{1}{2}(1 + \beta) R_w} \tag{3.1.3}$$

② 单端输出时,有

$$A_{d1} = \frac{\Delta U_{C1}}{\Delta U_i} = \frac{1}{2} A_d \tag{3.1.4}$$

$$A_{d2} = \frac{\Delta U_{C2}}{\Delta U_i} = - \frac{1}{2} A_d \tag{3.1.5}$$

③ 当输入共模信号时,若为单端输出,则有

$$A_{c1} = A_{c2} = \frac{\Delta U_{C1}}{\Delta U_i} = \frac{- \beta R_C}{R_B + r_{be} + (1 + \beta)\left(\frac{1}{2} R_w + 2R_E\right)} \approx - \frac{R_C}{2R_E} \tag{3.1.6}$$

④ 若为双端输出,在理想情况下,有

$$A_c = \frac{\Delta U_o}{\Delta U_i} = 0 \tag{3.1.7}$$

实际上,由于元件参数不可能完全对称,因此 A_c 也不会绝对等于零。

3. 共模抑制比 K_{CMR}

为了表征差动放大器对有用信号(差模信号)的放大作用和对共模信号的抑制能力,通常用一个综合指标来衡量,即共模抑制比:

$$K_{CMR} = \left| \frac{A_d}{A_c} \right| \quad \text{或} \quad K_{CMR} = 20\lg \left| \frac{A_d}{A_c} \right| (\text{dB}) \tag{3.1.8}$$

差动放大器的输入信号可采用直流信号也可采用交流信号。本实验由函数信

号发生器提供频率 $f=1$ kHz 的正弦信号作为输入信号。

实验内容

按图 3.1.1 连接实验电路,使 F 点和 G 点相连接,构成长尾式基本差动放大器。

1. 测量静态工作点

（1）调节放大器零点

不接入信号源（$U_i=0$），将放大器的两输入端 A,B 与地短接,接通 ±12 V 直流电源,用直流电压表测量 C,D 间的输出电压 U_o,调节调零电位器 R_w,使 $U_o=0$（当 U_o 较大时使用伏特挡测量,当 U_o 较小时使用毫伏挡测量,当然也可以使用毫安挡或微安挡来判断 C,D 两点间是否为等电位）。调节要仔细,力求准确。

（2）测量静态工作点

零点调好以后,用直流电压表测量 T_1,T_2 管各电极电位及射极电阻 R_E 的两端电压 U_{R_E},记入表 3.1.1（由于电路中可断开的点较少,静态工作点的测量需考虑恰当的方法,才能使测量更为准确）中。

表 3.1.1

	U_{C1}(V)	U_{B1}(V)	U_{E1}(V)	U_{C2}(V)	U_{B2}(V)	U_{E2}(V)	U_{R_E}(V)
测量值							
测量值	I_C(mA)			I_B(mA)			U_{CE}(V)
计算值	U_{C1}(V)	U_{B1}(V)	U_{E1}(V)	U_{C2}(V)	U_{B2}(V)	U_{E2}(V)	U_{R_E}(V)
计算值	I_C(mA)			I_B(mA)			U_{CE}(V)

2. 测量差模电压放大倍数

一般实验台提供有多路直流信号源,可以构成差模电压信号源,如果没有,可以利用功率放大电路的推挽输出变压器和隔直电容组成双端输入转换装置,如图 3.1.2 所示,将交流信号转换成差模电压信号源。

① 接通 ±12 V 直流电源,将函数信号发生器的输出端接放大器输入 A 端,地端接放大器输入 B 端构成单端输入方式,调节输入信号为频率

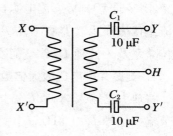

图 3.1.2 双端输入转换装置图

$f = 1$ kHz 的正弦信号,并使输出旋钮旋至零,用示波器监视输出端(集电极 C 点或 D 点与地之间)的噪声信号。

② 逐渐增大输入电压 U_i(约 100 mV),在输出波形无失真的情况下,用交流毫伏表或示波器测量 U_i,U_{C1},U_{C2},记入表 3.1.2 中,并记录 U_i,U_{C1},U_{C2} 之间的相位关系及 U_{R_E} 随 U_i 改变而变化的情况。

③ 断开直流电源,将函数信号发生器的输出端接在图 3.1.2 的 X 和 X' 端,Y 接放大器的输入 A 端,Y' 接放大器的输入 B 端(H 点接地),构成双端输入方式。

表 3.1.2

	典型差动放大电路		
	单端输入	双端输入	共模输入
U_i	100 mV	100 mV	1 V
U_{C1}(V)			
U_{C2}(V)			
$A_{d1} = \dfrac{U_{C1}}{U_i}$			
$A_d = \dfrac{U_o}{U_i}$			/
$A_{c1} = \dfrac{U_{C1}}{U_i}$	/		
$A_c = \dfrac{U_o}{U_i}$	/		
$K_{CMR} = \left\| \dfrac{A_{d1}}{A_{c1}} \right\|$			

④ 接通 ±12 V 直流电源,重复步骤②的测量,在输出波形无失真的情况下,用交流毫伏表或示波器测 U_i,U_{C1},U_{C2},记入表 3.1.2 中,观察 U_i,U_{C1},U_{C2} 之间的相位关系及 U_{R_E} 随 U_i 改变而变化的情况,并观察与步骤②的区别。

3. 测量共模电压放大倍数

将放大器输入端 A、B 短接,信号源接在 A 端与地之间,构成共模输入方式,调节输入信号 $f = 1$ kHz,$U_i = 1$ V,在输出电压无失真的情况下,测量 U_{C1},U_{C2} 的值,记入表 3.1.2 中,并记录 U_i,U_{C1},U_{C2} 之间的相位关系及 U_{R_E} 随 U_i 改变而变化的情况。

实验总结

（1）整理实验数据，列表比较实验结果和理论估算值，分析误差原因。

① 静态工作点和差模电压放大倍数。

② 基本差动放大电路单端输出时，K_{CMR} 的实测值与理论值比较。

③ 基本差动放大电路单端输出时，K_{CMR} 的实测值与具有恒流源的差动放大器 K_{CMR} 实测值比较。

（2）列表比较 U_i，U_{C1}，U_{C2} 之间的相位关系。

（3）根据实验结果，总结电阻 R_E 的作用。

思考题

（1）输入输出四种接法的差动放大电路，输入电阻会不会发生变化？

（2）差动放大电路是不是不能放大共模信号？

（3）实验中怎样获得双端和单端输入差模信号？怎样获得共模信号？画出 A，B 端与信号源之间的连接图。

（4）怎样进行静态调零点？用什么仪表测 U_o？

（5）为什么一般不能用示波器直接测量双端输出电压 U_o？

（6）为什么差模输入的信号幅度只有几十毫伏，而共模输入时的信号幅度为几伏特？

实验 3.2　恒流源差动放大电路性能的研究

实验目的

（1）进一步了解恒流源差动放大电路的特点。

（2）掌握差动放大器主要性能指标的测试方法。

（3）了解测量仪器的输入电阻对测量结果的影响。

（4）恒流源在差动放大电路中的作用。

实验原理

图 3.2.1 为差动放大器的基本结构，它由两个元件参数相同的基本共射放大电路组成。当温度变化时，两管集电极电流以及相应的集电极电压发生相同的变化，在电路完全对称的情况下，双端输出（两集电极间）的电压可以始终保持为零，

从而抑制了零点漂移。

当 F 点和 E 点连接时,构成了具有恒流源的差动放大器。它用晶体管恒流源代替发射极电阻 R_E,由于晶体管具有电流控制作用,可以使得集射极间的电阻远大于线性电阻 R_E,因而对共模信号有更强的负反馈作用,故可以更有效地抑制零点漂移,稳定静态工作点,进一步提高差动放大器抑制共模信号的能力。

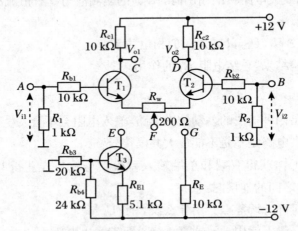

图 3.2.1　具有恒流源的差动放大器电路

1. 估算静态工作点

$$I_{C3} \approx I_{E3} \approx \frac{\dfrac{R_{b3}}{R_{b3} + R_{b4}} \times |U_{EE}| - U_{BE}}{R_{E1}} \tag{3.2.1}$$

$$I_{C1} = I_{C2} = \frac{1}{2} I_{C3} \tag{3.2.2}$$

2. 差模电压放大倍数和共模电压放大倍数

当采用恒流源电路时,差模电压放大倍数 A_d 由输出端方式决定,而与输入方式无关。

① 双端输出,$R_E = \infty$,R_w 在中心位置时,有

$$A_d = \frac{\Delta U_o}{\Delta U_i} = -\frac{\beta R_C}{R_B + r_{be} + \dfrac{1}{2}(1 + \beta) R_w} \tag{3.2.3}$$

② 单端输出时,有

$$A_{d1} = \frac{\Delta U_{C1}}{\Delta U_i} = \frac{1}{2} A_d \tag{3.2.4}$$

$$A_{d2} = \frac{\Delta U_{C2}}{\Delta U_i} = -\frac{1}{2} A_d \tag{3.2.5}$$

③ 当输入共模信号时,若为单端输出,则有

$$A_{c1} = A_{c2} = \frac{\Delta U_{C1}}{\Delta U_i} = \frac{-\beta R_C}{R_B + r_{be} + (1+\beta)\left(\frac{1}{2}R_w + 2R_E\right)}$$

$$\approx -\frac{R_C}{2R_E} \tag{3.2.6}$$

④ 若为双端输出,在理想情况下,有

$$A_c = \frac{\Delta U_o}{\Delta U_i} = 0$$

实际上,由于元件参数不可能完全对称,因此 A_c 也不会绝对等于零。

3. 共模抑制比 K_{CMR}

为了表征差动放大器对有用信号(差模信号)的放大作用和对共模信号的抑制能力,通常用一个综合指标来衡量,即共模抑制比:

$$K_{CMR} = \left|\frac{A_d}{A_c}\right| \quad \text{或} \quad K_{CMR} = 20\lg\left|\frac{A_d}{A_c}\right| \text{(dB)}$$

差动放大器的输入信号可采用直流信号也可采用交流信号。本实验由函数信号发生器提供频率 $f = 1$ kHz 的正弦信号作为输入信号。

实验内容

按图 3.2.1 连接实验电路,使 F 点和 E 点相连接构成恒流源式差动放大器。

1. 测量静态工作点

(1) 调节放大器零点

不接入信号源($U_i = 0$),将放大器的两输入端 A,B 与地短接,接通 ± 12 V 直流电源,用直流电压表测量 C,D 间的输出电压 U_o,调节调零电位器 R_w,使 $U_o = 0$ (当 U_o 较大时使用伏特挡测量,当 U_o 较小时使用毫伏挡测量,当然也可以使用毫安挡或微安挡来判断 C,D 两点间是否为等电位)。

(2) 测量静态工作点

零点调好以后,用直流电压表测量 T_1,T_2 管各电极电位及射极电阻 R_E 两端电压 U_{R_E},记入表 3.2.1(由于电路中可断开的点较少,静态工作点的测量需考虑恰当的方法,才能使测量更为准确)中。

表 3.2.1

测量值	U_{C1}(V)	U_{B1}(V)	U_{E1}(V)	U_{C2}(V)	U_{B2}(V)	U_{E2}(V)	U_{R_E}(V)

测量值	I_C(mA)		I_B(mA)		U_{CE}(V)	

计算值	$U_{C1}(V)$	$U_{B1}(V)$	$U_{E1}(V)$	$U_{C2}(V)$	$U_{B2}(V)$	$U_{E2}(V)$	$U_{R_E}(V)$

计算值	$I_C(mA)$		$I_B(mA)$		$U_{CE}(V)$	

2. 测量差模电压放大倍数

一般实验台提供有多路直流信号源,可以构成差模电压信号源,如果没有,可以利用功率放大电路的推挽输出变压器和隔直电容组成双端输入转换装置,如图3.2.2所示,将交流信号转换成差模电压信号源。

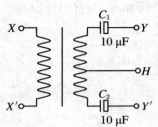

图 3.2.2 双端输入转换图

① 接通 ±12 V 直流电源,将函数信号发生器的输出端接放大器输入 A 端,地端接放大器输入 B 端构成单端输入方式,调节输入信号为频率 $f = 1$ kHz 的正弦信号,并使输出旋钮旋至零,用示波器监视输出端(集电极 C 点或 D 点与地之间)的噪声信号。

② 逐渐增大输入电压 U_i(约 100 mV),在输出波形无失真的情况下,用交流毫伏表或示波器测量 U_i,U_{C1},U_{C2},记入表 3.2.2 中,并记录 U_i,U_{C1},U_{C2} 之间的相位关系及 U_E 随 U_i 改变而变化的情况。

③ 断开直流电源,将函数信号发生器的输出端接在图 3.2.2 的 X 和 X' 端,Y 接放大器的输入 A 端,Y' 接放大器的输入 B 端(H 点接地),构成双端输入方式。

表 3.2.2

	典型差动放大电路		
	单端输入	双端输入	共模输入
U_i	100 mV	100 mV	1 V
$U_{C1}(V)$	$U_i\ U_{C1}$ 0 ⟶ t	$U_i\ U_{C1}$ 0 ⟶ t	$U_i\ U_{C1}$ 0 ⟶ t
$U_{C2}(V)$	$U_i\ U_{C2}$ 0 ⟶ t	$U_i\ U_{C2}$ 0 ⟶ t	$U_i\ U_{C2}$ 0 ⟶ t
$A_{d1} = \dfrac{U_{C1}}{U_i}$			

	典型差动放大电路		
	单端输入	双端输入	共模输入
$A_d = \dfrac{U_o}{U_i}$			/
$A_{c1} = \dfrac{U_{C1}}{U_i}$	/		
$A_c = \dfrac{U_o}{U_i}$	/		
$K_{CMR} = \left\| \dfrac{A_{d1}}{A_{c1}} \right\|$			

④ 接通 ±12 V 直流电源,重复步骤②的测量,在输出波形无失真的情况下,用交流毫伏表或示波器测 U_i,U_{C1},U_{C2},记入表 3.2.2 中,观察 U_i,U_{C1},U_{C2} 之间的相位关系及 U_{R_E} 随 U_i 改变而变化的情况,并观察与步骤②的区别。

3. 测量共模电压放大倍数

将放大器输入端 A,B 短接,信号源接在 A 端与地之间,构成共模输入方式,调节输入信号 $f = 1$ kHz,$U_i = 1$ V,在输出电压无失真的情况下,测量 U_{C1},U_{C2} 的值,记入表 3.2.2 中,并记录 U_i,U_{C1},U_{C2} 之间的相位关系及 U_E 随 U_i 改变而变化的情况。

实验总结

(1) 整理实验数据,列表比较实验结果和理论估算值,分析误差原因。

① 静态工作点和差模电压放大倍数。

② 基本差动放大电路单端输出时,K_{CMR} 的实测值与理论值比较。

③ 基本差动放大电路单端输出时,K_{CMR} 的实测值与具有恒流源的差动放大器 K_{CMR} 实测值比较。

(2) 列表比较 U_i,U_{C1},U_{C2} 之间的相位关系。

(3) 根据实验结果,总结电阻 R_E 的作用。

思考题

(1) 差动放大电路是不是不能放大共模信号?

(2) 差动放大电路是不是没有零点漂移?

(3) 实验中怎样获得双端输出信号?

(4) 是不是晶体管的放大倍数越大其电路的 K_{CMR} 就越高?

(5) 为什么一般不能用示波器直接测量双端输出电压 U_o?

(6) 如何改变恒流源的数值?恒流源的数值对放大电路的性能有哪些影响?

实验 3.3　AGC 放大电路性能的研究

实验目的

(1) 研究 AGC(自动增益控制)的自适应放大特性。

(2) 掌握 AGC 电路的一种实现方法。

(3) 学习 AGC 特性的调整和测试方法。

实验原理

普通放大器一般是线性放大的,在某些特殊场合需要放大电路的增益自动地随信号强度而调整,称为自动增益控制,实现这种功能的电路简称 AGC 环。AGC 环是一种闭环电路,实际上是一个负反馈系统,它可以分成增益受控放大电路和控制电压形成电路两部分。增益受控放大电路位于正向放大通路,其增益随控制电压而改变。控制电压形成电路的基本部件是 AGC 检波器和低通平滑滤波器,有时也包含门电路和直流放大器等部件,如图 3.3.1 所示,U_i 与 U_o 的关系如图 3.3.2 所示。

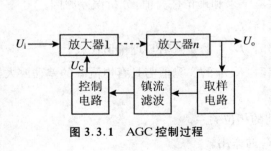

图 3.3.1　AGC 控制过程

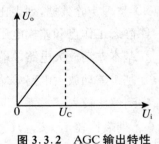

图 3.3.2　AGC 输出特性

一般放大电路增益的控制方法有:

① 改变晶体管的直流工作状态,以改变晶体管的电流放大系数 β。

② 在放大器各级间插入电控衰减器。

③ 用电控可变电阻作为放大器负载等。

AGC 电路广泛应用于各种接收机、录音机和测量仪器中,它常被用来使系统的输出电平保持在一定范围内,因而也称自动电平控制;用于话音放大器或收音机时,称为自动音量控制。

AGC 有两种控制方式：一种是利用增加 AGC 电压来减小增益的方式，叫正向 AGC；一种是利用减小 AGC 电压来减小增益的方式，叫反向 AGC。正向 AGC 控制能力强，所需控制功率大，被控放大级工作点变动范围大，放大器两端阻抗变化也大；反向 AGC 所需控制功率小，控制范围也小。

为实现上述要求，必须有一个能随外来信号强弱而变化的控制电压或电流信号，利用这个信号对放大器的增益自动进行控制，以保持输出信号幅度的相对稳定。

如图 3.3.3 所示，当开关 K 接位置"2"时，由理想放大器 A 及 R_1，R_5，R_{p1} 构成反馈放大器，输出电压 $U_o = \left(\dfrac{1 + R_{p1}}{R_5}\right) U_i$ 和输入信号呈线性关系，不具有 AGC 的功能，要想让放大器的增益能够自动进行控制，只有让 R_{p1} 随 U_i 的增大而减小，或者让 R_5 随 U_i 的增大而增大。

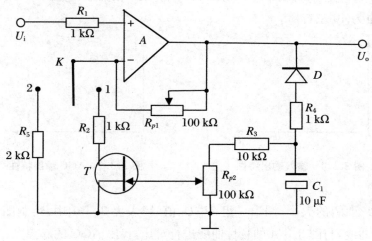

图 3.3.3 AGC 放大电路

当开关 K 接位置"1"时，就构成了 AGC 放大器，输入信号 U_i 经过集成放大器 A 放大，二极管 D 对输出信号 U_o 整流后，经过 R_4，R_5，C_1 构成的 T 型 RC 滤波电路滤除低频调制分量和噪声，得到一个负向的 AGC 电压 U_C，经 R_{p2} 调整比例后送往场效应管 T 的栅极。

当输入信号的幅值较大时，相应地得到了较大的 AGC 电压，运放输出较大的负压至场效应管的栅极，增大了场效应管的源漏极间的电阻，从而减小了由运算放大器 A 组成的负反馈放大器的放大倍数，当输入信号 U_i 增大时，U_o 和 U_C 亦随之增大。U_C 增大，场效应管的源漏极间的等效电阻变大，从而使放大电路的增益下降，反之，当输入信号的幅值较小时，AGC 电压也很小，由运算放大器 A 组成的负反馈放大器的输出也小,场效应管的源漏极间的电阻很低,使负反馈放大器得到较大的放大倍数,从而在 A 的输出端可以得到幅值较大的信号。

由于输出信号的变化量显著小于输入信号的变化量,即自动控制了负反馈放大器输出信号的幅度,因而称为 AGC。

实验内容

(1) 按图 3.3.3 连接电路(部分电路需利用实验台面板上的元件自行搭接),集成放大器 A 可选用通用运放 741 等(运放 741 的具体使用方法可参阅附录 A 的相关内容)。先将开关 K 接位置"2"处,构成无 AGC 功能的放大电路,接通 ±12 V 电源,在输入端加入 $f = 1$ kHz,100 mV 左右的正弦信号 U_i,调整 R_{p1},用示波器监视输出端 U_o 波形不失真,使放大倍数为 40 左右,绘制图 3.3.4 的特性曲线。

(2) 开关 K 接位置"1",构成有 AGC 功能的放大电路,在输入端加入 $f = 1$ kHz,100 mV 左右的正弦信号 U_i,调整 R_{p2},用示波器监视输出端 U_o 不失真,使放大倍数也为 40 左右。

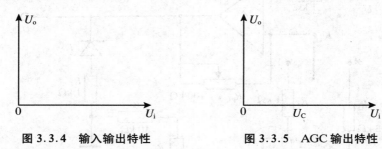

图 3.3.4　输入输出特性　　　　　图 3.3.5　AGC 输出特性

(3) 改变 U_i 的大小,测出一组 U_i-U_o 值,填入表 3.3.1 中,绘制图 3.3.5 的 AGC 特性曲线,与图 3.3.4 的特性曲线进行对比,找出 AGC 的起控点。

表 3.3.1

$(f = 1$ kHz,$R_L = 10$ k$\Omega)$

U_i	50 mV			100 mV			300 mV
U_o							
A_V							

(4) 改变输入信号的频率,重复步骤(3),测出几组 U_i-U_o 的值,填入表 3.3.2 中,绘制图 3.3.5 的 AGC 特性曲线。

表 3.3.2

$(f=\quad kHz, R_L = 10\ k\Omega)$

U_i	50 mV			100 mV			300 mV
U_o							
A_V							

（5）测试频率响应特性。分别将开关 K 接位置"1""2"处，保持输入信号 U_i 幅度不变，改变信号源频率，用示波器监视输出波形，用示波器或交流毫伏表分别找出两种放大器的上、下限截止频率 f_L 和 f_H，记入表 3.3.3 中。

表 3.3.3

	$f_L(Hz)$	$f_H(kHz)$
反馈放大器		
AGC 放大器		

实验总结

（1）总结负反馈放大器和 AGC 放大器之间的不同。

（2）如何调整 AGC 放大器的延迟特性？

思考题

（1）什么是 AGC 电路的起控电压和最大控制电压？如何测量？

（2）AGC 电路的时间常数对 AGC 特性有何影响？求起控电压和最大控制电压。

（3）什么是负反馈放大器？它和 AGC 放大器有什么不同？

（4）一般 AGC 放大器为什么需要具有延迟特性？

项目 4　负反馈放大电路

实验 4.1　电压串联负反馈放大电路

实验目的

（1）了解负反馈对放大器性能的影响。

（2）进一步掌握放大器的输入、输出阻抗，放大倍数，通频带及动态范围的调试方法。

（3）理解放大电路中引入负反馈的方法和负反馈对放大器各项性能指标的影响。

实验原理

基本放大器的增益对晶体管参数的依赖性很大，而晶体管参数又具有很大的离散性，这给电路设计和批量生产带来了诸多困难。但是，如果在放大器中不仅引入直流负反馈，也引入交流负反馈，则既可以减小静态工作点对晶体管参数的依赖性，又可以降低放大倍数对晶体管参数的依赖性。因此，负反馈在电子电路中有着非常广泛的应用，虽然它使放大器的放大倍数降低了，但能在很多方面改善放大器的动态指标。因此，几乎所有的实用放大器都带有负反馈。

负反馈放大器有四种基本组态，即电压串联，电压并联，电流串联，电流并联。本实验以电压串联负反馈为例，分析负反馈对放大器各项性能指标的影响。

图 4.1.1 为带有电压串联负反馈的两级阻容耦合放大电路，在电路中通过 R_f，C_f 的串联把输出电压 V_o 引回到输入端，加在晶体管 T_1 的发射极上，在发射极电阻 R_{e1} 上形成反馈电压 V_f，如图 4.1.2 所示，根据反馈的判断方法可知，它属于电压串联负反馈，如图 4.1.3 所示。

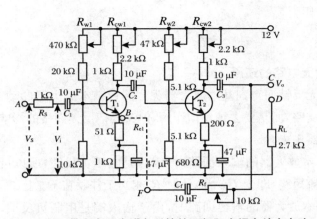

图 4.1.1　带有电压串联负反馈的两级阻容耦合放大电路

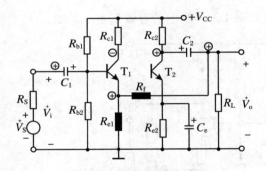

图 4.1.2　反馈类型的判断

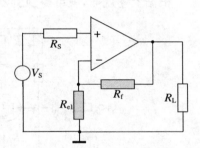

图 4.1.3　等效反馈电路

1. 主要性能指标

① 闭环电压放大倍数

$$A_{Vf} = \frac{A_V}{1 + A_V F_V} \approx \frac{1}{F_V} = 1 + \frac{R_f}{R_{el}} \tag{4.1.1}$$

式中，$A_V = U_o / U_i$，为基本放大器（无反馈）的电压放大倍数，即开环电压放大倍数。$1 + A_V F_V$ 为反馈深度，它的大小决定了负反馈对放大器性能改善的程度。

② 反馈系数

$$F_V = \frac{R_{el}}{R_f + R_{el}} \tag{4.1.2}$$

③ 输入电阻

$$R_{if} = (1 + A_V F_V) R_i \tag{4.1.3}$$

R_i 为基本放大器的输入电阻。

④ 输出电阻

$$R_{\mathrm{of}} = \frac{R_{\mathrm{o}}}{1 + A_{V_{\mathrm{o}}} F_V}$$　　　　　　　(4.1.4)

2．基本放大电路的还原

怎样实现无反馈而得到基本放大器呢？测量基本放大器的动态参数，不能简单地断开反馈支路，而是要去掉反馈作用，但又要把反馈网络的影响（负载效应）考虑到基本放大器中去。

① 在画基本放大器的输入回路时，因为是电压负反馈，所以可将负反馈放大器的输出端交流短路，即令 $U_{\mathrm{o}} = 0$，此时 R_{f} 相当于并联在 R_{el} 上。

② 在画基本放大器的输出回路时，由于输入端是串联负反馈，因此需将反馈放大器的输入端（T_1 管的射极）开路，此时 $R_{\mathrm{f}} + R_{\mathrm{el}}$ 相当于并接在输出端。可近似认为 R_{f} 并接在输出端。

根据上述规律，就可得到所要求的如图 4.1.4 所示的等效基本放大器。

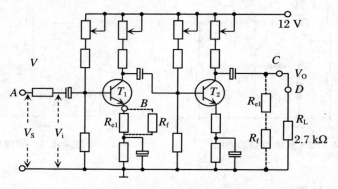

图 4.1.4　等效基本放大器电路

实验内容

1．测量静态工作点

按图 4.1.1 连接实验电路，取 $U_{\mathrm{CC}} = +12\ \mathrm{V}$，$U_{\mathrm{i}} = 0$，用直流电压表分别测量第一级、第二级的静态工作点，记入表 4.1.1 中。

表 4.1.1

	$U_{\mathrm{B}}(\mathrm{V})$	$U_{\mathrm{E}}(\mathrm{V})$	$U_{\mathrm{C}}(\mathrm{V})$	$I_{\mathrm{C}}(\mathrm{mA})$
第一级				1
第二级				2

2. 测试基本放大器的各项性能指标

将实验电路按图 4.1.4 改接,即把 R_f 断开后分别并在 R_{e1} 和 R_L 上,其他连线不动,测量中频电压放大倍数 A_V,输入电阻 R_i 和输出电阻 R_o。

① 以 $f = 1$ kHz, U_s 约为 5 mV 的正弦信号输入放大器,用示波器监视输出波形 U_o,在 U_o 不失真的情况下,用交流毫伏表或示波器测量 U_s, U_i 和有负载时的 U_L,记入表 4.1.2 中。

表 4.1.2

($R_f = $ 　　　)

基本放大器	U_S(mV)	U_i(mV)	U_L(V)	U_o(V)	A_V	R_i(kΩ)	R_o(kΩ)
负反馈放大器	U_S(mV)	U_i(mV)	U_L(V)	U_o(V)	A_{Vf}	R_{if}(kΩ)	R_{of}(kΩ)

② 保持 U_S 不变,断开负载电阻 R_L(注意, R_f 不要断开),测量空载时的输出电压 U_o,记入表 4.1.2 中。

③ 接上 R_L,保持 U_S 不变,然后增加和减小输入信号的频率,测量通频带,找出上、下限频率 f_H 和 f_L,记入表 4.1.3 中。

表 4.1.3

基本放大器	f_L(kHz)	f_H(kHz)	A_{VH}	Δf(kHz)
负反馈放大器	f_{Lf}(kHz)	f_{Hf}(kHz)	A_{VHf}	Δf_f(kHz)

3. 测试负反馈放大器的各项性能指标

将实验电路恢复为图 4.1.1 的负反馈放大电路。适当加大 U_S(约 10 mV),在输出波形不失真的条件下,测量负反馈放大器的 A_{Vf}, R_{if} 和 R_{of},记入表 4.1.2 中;测量 f_{Hf} 和 f_{Lf},记入表 4.1.3 中。

4. 观察负反馈对非线性失真的改善

① 实验电路改接成等效基本放大器形式,在输入端加入 $f = 1$ kHz 的正弦信号,输出端接示波器,逐渐增大输入信号的幅度,使输出波形刚刚开始出现明显的

失真(晶体管进入到非线性工作区域),记下此时的波形和输出电压的幅度。

② 再将实验电路改接成负反馈放大器形式,增大输入信号幅度,使输出电压幅度的大小与①相同,比较有负反馈时,输出波形的形状和幅度的变化。

实验总结

(1) 将基本放大器和负反馈放大器动态参数的实测值和理论估算值列表进行比较。

(2) 根据实验结果,总结电压串联负反馈对放大器性能的影响。

(3) 根据实验结果,试推论另外三种形式的负反馈在工程上的应用。

思考题

(1) 把负反馈放大器改接成基本放大器时,为什么要把 R_f 并接在输入和输出端?

(2) 如按深度负反馈估算,则闭环电压放大倍数 A_{Vf} 是多少? 和测量值是否一致? 为什么?

(3) 如输入信号存在失真,能否用负反馈来改善?

(4) 怎样判断放大器是否存在自激振荡? 如何进行消振?

实验 4.2　并联负反馈放大电路性能的研究

实验目的

(1) 加深理解负反馈放大电路的工作原理和负反馈对放大器各项性能指标的影响。

(2) 学习反馈放大电路性能指标的测量。

实验原理

电压并联、电流并联负反馈在电子电路中有着非常实际的应用,虽然它使放大器的放大倍数降低,但能在多方面改善放大器的动态指标,如稳定放大倍数,减小输入,改变输出电阻,减小非线性失真和展宽通频带等。

图 4.2.1 为电流并联负反馈电路,等效电路如图 4.2.3 所示,图 4.2.2 为电压并联负反馈电路,等效电路如图 4.2.4 所示。

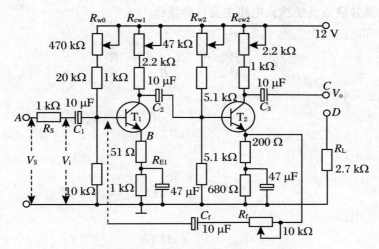

图 4.2.1　电流并联负反馈放大器

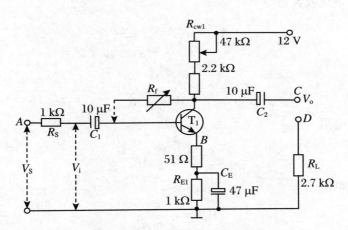

图 4.2.2　电压并联负反馈放大器

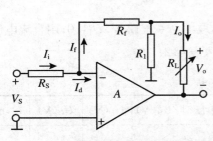

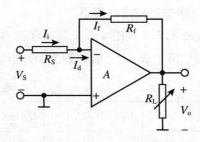

图 4.2.3　电流并联负反馈等效电路　　　　图 4.2.4　电压并联负反馈等效电路

1. 电流并联负反馈放大电路主要性能指标

① 闭环电压放大倍数

$$A_{Vf} = \frac{V_o}{V_i} = -\frac{R_f + R_1}{R_1} \cdot \frac{R_L}{R_S} \tag{4.2.1}$$

② 反馈系数

$$F_{ii} = \frac{I_f}{I_o} = \frac{R_1}{R_1 + R_f} \tag{4.2.2}$$

③ 输入电阻

$$R_{if} = \frac{R_i}{1 + AF} \tag{4.2.3}$$

④ 输出电阻

$$R_{of} = (1 + AF)R_o \tag{4.2.4}$$

2. 电压并联负反馈放大电路主要性能指标

① 闭环电压放大倍数

$$A_{Vf} = \frac{V_o}{V_i} = -\frac{R_f}{R_S} \tag{4.2.5}$$

② 反馈系数

$$F_{iv} = \frac{I_f}{V_o} = -\frac{1}{R_f} \tag{4.2.6}$$

③ 输入电阻

$$R_{if} = \frac{R_i}{1 + AF} \tag{4.2.7}$$

④ 输出电阻

$$R_{of} = \frac{R_o}{1 + AF} \tag{4.2.8}$$

实验内容

1. 静态工作点的测量

按图 4.2.1 和图 4.2.2 连接实验电路,取 $U_{CC} = +12\,\text{V}, U_i = 0$,用直流电压表分别测量第一级、第二级的静态工作点,记入表 4.2.1 中。

表 4.2.1

电流型	$U_B(V)$	$U_E(V)$	$U_C(V)$	$I_C(mA)$	电压型	$U_B(V)$	$U_E(V)$	$U_C(V)$	$I_C(mA)$
第一级					第一级				
第二级									

2．测试基本放大器的各项性能指标

（1）测量中频电压放大倍数 A_v、输入电阻 R_i 和输出电阻 R_o。

① 以 $f=1$ kHz，U_s 约为 5 mV 的正弦信号输入放大器，用示波器监视输出波形 U_o，在 U_o 不失真的情况下，用交流毫伏表测量 U_s，U_i，U_L，记入表 4.2.2 中。

表 4.2.2

电流型负反馈	U_s(mV)	U_i(mV)	U_L(V)	U_o(V)	A_v	R_i(kΩ)	R_o(kΩ)
电压型负反馈	U_s(mV)	U_i(mV)	U_L(V)	U_o(V)	A_{vf}	R_{if}(kΩ)	R_{of}(kΩ)

② 保持 U_s 不变，断开负载电阻 R_L（注意，R_f 不要断开），测量空载时的输出电压 U_o，记入表 4.2.2 中。

（2）测量通频带。

接上 R_L，保持（1）中的 U_s 不变，然后增加和减小输入信号的频率，找出上、下限频率 f_H 和 f_L，记入表 4.2.3 中。

表 4.2.3

电流型负反馈	f_L(kHz)	f_H(kHz)	Δf(kHz)
电压型负反馈	f_{Lf}(kHz)	f_{Hf}(kHz)	Δf_f(kHz)

3．观察负反馈对非线性失真的改善

（1）拆除图 4.2.1 中的反馈支路，在输入端加入 $f=1$ kHz 的正弦信号，输出端接示波器，逐渐增大输入信号的幅度，使输出波形刚刚开始出现明显的失真（晶体管进入到非线性工作区域），记下此时的波形和输出电压的幅度。

（2）再将实验电路改接成负反馈放大器形式，增大输入信号幅度，使输出电压幅度的大小与（1）相同，比较有负反馈时，输出波形的形状和幅度的变化。

4．观察负反馈对放大倍数稳定性的影响

（1）将电源电压由 12 V 降为 5 V，比较开环和闭环时的放大倍数的相对变化量 $\Delta A_v/A_v$ 和 $\Delta A_{vf}/A_{vf}$。

（2）更换晶体管，使其放大倍数有较大的区别，比较开环和闭环时的放大倍数的相对变化量 $\Delta A_v/A_v$ 和 $\Delta A_{vf}/A_{vf}$。

5. 负反馈放大器的自激振荡

（1）断开负载 R_L，增大输入信号幅度，调整反馈深度电位器 R_f，观察放大器输出端的自激振荡波形。

（2）断开反馈环路 R_f，C_f，使放大器处于开环状态，增大输入信号幅度，将放大器的输出信号线逐步移近输入端，观察放大器输出端的自激振荡波形。

6. 放大器的干扰现象

使放大器处于开环状态，适当增加输入信号的幅度，增大 R_f 的阻值（减小反馈深度），并且断开负载 R_L。

（1）在输入端接一根导线，观察放大器的输出波形，测出其频率。改变导线的长度以及方位，观察输出波形的变化。

（2）拆去输入端的导线，用非稳定直流电源代替稳压电源，观察放大器的输出波形，测出其频率和幅度。然后在供电回路中接入退耦电容，再观察其干扰电压的变化。

实验总结

（1）将基本放大器和负反馈放大器动态参数的实测值和理论估算值列表进行比较。

（2）根据实验结果，总结并联负反馈对放大器性能的影响。

（3）要对一个电流输出几乎为零的压敏传感器的电压信号进行放大，应该选用什么形式的负反馈放大电路？

思考题

（1）如果 $R_f = 0$，放大器会有什么影响？

（2）怎样判断放大器是否存在自激振荡？如何进行消振？

（3）如输入信号存在失真，能否用负反馈来改善？

（4）反馈电阻 R_f 的取值与放大器的性能有何关系？

（5）C_f 的取值对放大器的性能有何影响？

实验 4.3　集成电路负反馈放大器性能的研究

实验目的

（1）熟悉集成运算放大电路的应用，掌握其基本特性。

（2）研究负反馈放大电路的特性，熟悉负反馈对放大电路特性的影响。

（3）熟悉负反馈放大电路特性的测试方法。

实验原理

把输出信号的一部分或全部通过一定的方式引回到输入端的过程称为反馈。反馈放大电路由基本放大电路和反馈网络组成，其基本关系式为 $A_f = A/(1 + AF)$。判断一个电路有无反馈，只要看它有无反馈网络。反馈网络指将输出回路与输入回路联系起来的电路，构成反馈网络的元件称为反馈元件。反馈有正、负之分，可采用瞬时极性法加以判断：先假设输入信号的瞬时极性，然后顺着信号传输方向逐步推出有关量的瞬时极性，最后得到反馈信号的瞬时极性，若反馈信号为削弱净输入信号的，则为负反馈，若为加强净输入信号的，则为正反馈。反馈还有直流反馈和交流反馈之分。若反馈电路中参与反馈的各个电量均为直流量，则称为直流反馈，直流负反馈影响放大电路的直流性能，常用以稳定静态工作点。若参与反馈的各个电量均为交流量，则称为交流反馈，交流负反馈用来改善放大电路的交流性能。

负反馈放大电路有四种基本类型：电压串联负反馈、电流串联负反馈、电压并联负反馈和电流并联负反馈。反馈信号取样于输出电压的，称为电压反馈，取样于电流的，则称为电流反馈。若反馈网络与信号源、基本放大电路串联连接，则称为串联反馈，其反馈信号为 u_f，比较式为 $u_{id} = u_i - u_f$，此时信号源内阻越小，反馈效果越好；若反馈网络与信号源、基本放大电路并联连接，则称为并联反馈，其反馈信号为 i_f，比较式为 $i_{id} = i_i - i_f$，此时信号源内阻越大，反馈效果越好。

交流负反馈虽然降低了放大电路的放大倍数，但可稳定放大倍数、减小非线性失真、展宽通频带。电压负反馈能减小输出电阻、稳定输出电压，从而提高带负载能力；电流负反馈能增大输出电阻、稳定输出电流。串联负反馈能增大输入电阻，并联负反馈能减小输入电阻。应用中常根据欲稳定的量、对输入输出电阻的要求和信号源负载情况等选择反馈类型。

负反馈放大电路性能的改善与反馈深度 $1 + AF$ 的大小有关，其值越大，性能改善越显著。当 $1 + AF \geqslant 1$ 时，称为深度负反馈。深度串联负反馈的输入电阻很大，深度并联负反馈的输入电阻很小，深度电压负反馈的输出电阻很小，深度电流负反馈的输出电阻很大。在深度负反馈放大电路中，$x_i \approx x_f$，即 $x_{id} \approx 0$，因此可引出两个重要概念，即深度负反馈放大电路中基本放大电路的两输入端可以近似看成短路和断路，称为"虚短"和"虚断"。利用"虚短"和"虚断"可以很方便地求得深度负反馈放大电路的闭环电压放大倍数。

实验内容

1. 电压串联负反馈放大电路特性研究

① 按图 4.3.1 接线，使用通用运放 741 等，检查接线无误后，接通正、负电源

电压 ±12 V。

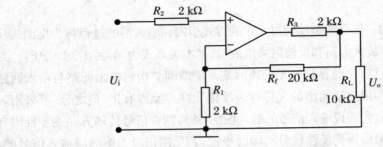

图 4.3.1　电压串联负反馈放大电路

② 输入端 U_i 接入频率为 1 kHz、有效值为 0.2 V 的正弦信号,用示波器观察输入电压 U_i 及输出电压 U_o,应为同频率的正弦波。

③ 用交流毫伏表或示波器分别测出 U_i,U_P,U_f,U_o 的有效值并记录于表 4.3.1中,维持输入电压 U_i 不变,断开 R_L 测出开路电压 U_o 也记入表 4.3.1 中。

④ 按表 4.3.1 中的测试结果,求出 A_{uf},R_{if},R_{of},与理论值进行比较,总结出电压串联负反馈放大电路的性能特点。

表 4.3.1　电压串联负反馈特性

内容	$U_i(V)$	$U_P(V)$	$U_f(V)$	$U_o(V)$	$U_{ot}(V)$	A_{uf}	$R_{if}(\Omega)$	$R_{of}(\Omega)$
测量值								
理论值								

2. 电流串联负反馈放大电路特性研究

① 按图 4.3.2 接线,检查接线无误后,接通正、负电源电压 ±12 V。

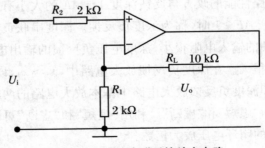

图 4.3.2　电流串联反馈放大电路

② 输入端 U_i 接入频率为 1 kHz、有效值为 0.2 V 的正弦信号，用示波器观察输入电压 U_i 及输出电压 U_o，应为同频率的正弦波。

③ 用交流毫伏表分别测出 U_i,U_P,U_f,U_o' 的有效值并记录于表 4.3.2 中。

④ 将 R_L 改接为 5.1 kΩ 和 2 kΩ，维持输入信号不变，分别测出 $U_i,U_P,U_f,$ U_o' 的有效值，也记入表 4.3.2 中。

⑤ 根据测试结果，求出 $A_{uf}=U_o/U_i$，并与理论值进行比较。分析不同 R_L 时所测结果说明什么问题。

表 4.3.2　电流串联负反馈特性

内　容		U_i(V)	U_P(V)	U_f(V)	U_o'(V)	U_o(V)($=U_o'-U_f$)
R_L	10 kΩ					
	5.1 kΩ					
	2 kΩ					

3. 多级负反馈放大电路的分析

（1）由 741 双运放构成的两级负反馈放大电路如图 4.3.3 所示，先进行以下分析：① 判别各级运放各构成什么类型的交流负反馈，并指出反馈元件，求出各级电压增益的大小；② 判别级间构成什么类型的交流负反馈，并指出反馈元件，根据电路元件参数估算闭环增益。

（2）按图 4.3.3 接线，检查接线无误后，接通正、负电源电压 ±12 V。

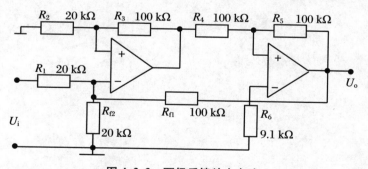

图 4.3.3　两级反馈放大电路

（3）开环测试。将 R_{f1} 支路断开，使放大电路处于开环状态。输入端 U_i 接入频率为 1 kHz、有效值为 0.2 V 的正弦信号，用示波器观察输入电压 U_i 及输出电压 U_o，应为同频率的正弦波。用交流毫伏表分别测出 U_i,U_o 的有效值，并根据测试结果计算出开环增益 A_{uo}。

（4）闭环测试。将 R_{f1} 接入电路，使放大电路处于闭环状态。适当调整输入电压 U_i，使输出电压达到开环时的数值，然后用交流毫伏表分别测出 U_i,U_o 的有效值,并根据测试结果计算出闭环增益 A_{uf}。

实验总结

(1) 整理有关实验数据和结果,并与理论值相比较,进行误差分析。

(2) 记录和讨论实验中出现的问题。

(3) 根据测试结果总结电压串联、电流串联负反馈放大电路的性能特点。

思考题

(1) 分析负载电阻较大时,用低电阻电压表测量电流串联负反馈电路输出电压时电压表对反馈的影响。

(2) 在测量输出电压时,如果输出电压接近电源电压,应做什么处理?

项目 5　集成运算电路

实验 5.1　模拟运算电路

实验目的

（1）研究由集成运算放大器组成的比例、加法、减法和积分等基本运算电路的功能。

（2）了解运算放大器在实际应用时应考虑的一些问题。

实验原理

集成运算放大器是一种具有高电压放大倍数的直接耦合多级放大电路。当外部接入不同的线性或非线性元器件组成输入和负反馈电路时，可以灵活地实现各种特定的函数关系。在线性应用方面，可组成比例、加法、减法、积分、微分、对数等模拟运算电路。图 5.1.1 为通用集成运放 741 原理图。图 5.1.2 为μA741 引脚示意图。

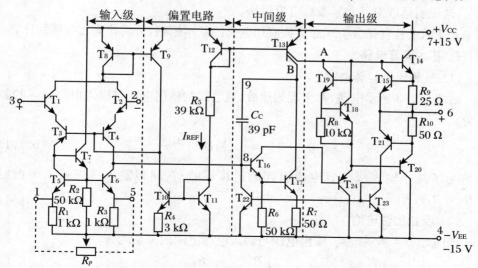

图 5.1.1　通用集成运放 741 原理图

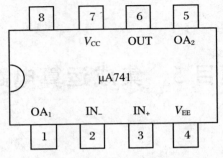

图 5.1.2　μA741 引脚示意图

1. 理想运放

运算放大器在大多数情况下被视为理想运放,就是将运放的各项技术指标理想化,满足下列条件的运算放大器称为理想运放。

开环电压增益　　$A_{ud} = \infty$

输入阻抗　　　　$R_i = \infty$

输出阻抗　　　　$R_o = 0$

带宽　　　　　　$f_{BW} = \infty$

失调与漂移均为零等

2. 理想运放在线性应用时的两个重要特性

① 输出电压 U_o 与输入电压之间满足关系式 $U_o = A_{ud}(U_+ - U_-)$。由于 $A_{ud} = \infty$,而 U_o 为有限值,因此,$U_+ - U_- \approx 0$,即 $U_+ \approx U_-$,称为"虚短"。

② 由于 $R_i = \infty$,故流进运放两个输入端的电流可视为零,即 $I_{IB} = 0$,称为"虚断"。这说明运放对其前级吸取电流极小。

上述两个特性是分析理想运放应用电路的基本原则,可简化运放电路的计算。

3. 基本运算电路

(1) 反相比例运算电路

如图 5.1.3 所示电路,对于理想运放,该电路的输出电压与输入电压之间的关系为

$$U_o = -\frac{R_f}{R_1}U \tag{5.1.1}$$

为了减小输入级偏置电流引起的运算误差,在同相输入端应接入平衡电阻 $R_2 = R_1 // R_f$。

(2) 反相加法电路

如图 5.1.4 所示电路,输出电压与输入电压之间的关系为

$$U_o = -\left(\frac{R_f}{R_1}U_{i1} + \frac{R_f}{R_2}U_{i2}\right) \tag{5.1.2}$$

$$R_3 = R_1 // R_2 // R_f \qquad (5.1.3)$$

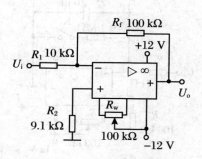

图 5.1.3　反相比例运算电路

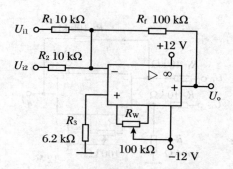

图 5.1.4　反相加法运算电路

（3）同相比例运算电路

图 5.1.5(a)是同相比例运算电路，它的输出电压与输入电压之间的关系为

$$U_o = \left(1 + \frac{R_f}{R_1}\right) U_i \qquad (5.1.4)$$

$$R_2 = R_1 // R_f \qquad (5.1.5)$$

当 $R_1 \to \infty$ 时，$U_o = U_i$，即得到如图 5.1.5(b)所示的电压跟随器。图 5.1.5(b)中 $R_2 = R_f$，用以减小漂移和起保护作用。一般 R_f 取 10 kΩ，R_f 太小起不到保护作用，太大则影响跟随性。

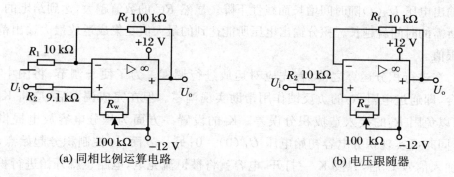

(a) 同相比例运算电路　　　　　　　　(b) 电压跟随器

图 5.1.5　同相比例运算电路

（4）差动放大电路（减法器）

对于图 5.1.6 所示的减法运算电路，当 $R_1 = R_2$，$R_3 = R_f$ 时，有如下关系式：

$$U_o = \frac{R_f}{R_1}(U_{i2} - U_{i1}) \qquad (5.1.6)$$

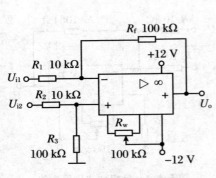

图 5.1.6　减法运算电路图

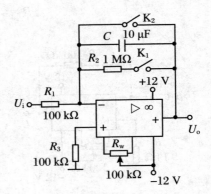

图 5.1.7　积分运算电路

(5) 积分运算电路

反相积分电路如图 5.1.7 所示。在理想化条件下,输出电压 U_o 为

$$U_o(t) = - \frac{1}{R_1 C} \int_0^t U_i \mathrm{d}t + U_C(0) \tag{5.1.7}$$

式中, $U_C(0)$ 是 $t = 0$ 时刻电容 C 两端的电压值,即初始值。

如果 $U_i(t)$ 是幅值为 E 的阶跃电压,并设 $U_C(0) = 0$,则

$$U_o(t) = - \frac{1}{R_1 C} \int_0^t E \mathrm{d}t = - \frac{E}{R_1 C} t \tag{5.1.8}$$

即输出电压 $U_o(t)$ 随时间增长而线性下降。显然 RC 的数值越大,达到给定的 U_o 值所需的时间就越长。积分输出电压所能达到的最大值受集成运放最大输出范围的限值。

在进行积分运算之前,首先应对运放进行调零。为了便于调节,将图中 K_1 闭合,即通过电阻 R_2 的负反馈作用帮助实现调零。但在完成调零后,应将 K_1 打开,以免因 R_2 的接入造成积分误差。K_2 的设置一方面为积分电容放电提供通路,同时可实现积分电容初始电压 $U_C(0) = 0$;另一方面,可控制积分起始点,即在加入信号 U_i 后,只要 K_2 一打开,电容就将被恒流充电,电路也就开始进行积分运算了。

实验内容

实验前要看清运放组件各管脚的位置;切忌正、负电源极性接反和输出端短路,否则将会损坏集成块。

1. 反相比例运算电路

① 按图 5.1.3 连接实验电路,接通 ±12 V 电源,输入端对地短路,进行调零和消振。

② 输入 $f = 100\ \text{Hz}$，$U_i = 0.5\ \text{V}$ 的正弦交流信号，测量相应的 U_o，并用示波器观察 U_o 和 U_i 的相位关系，记入表 5.1.1 中。

表 5.1.1

$(U_i = 0.5\ \text{V}, f = 100\ \text{Hz})$

$U_i(\text{V})$	$U_o(\text{V})$	U_i波形	U_o波形	A_V	
		U_i ↑ ——→ t	U_o ↑ ——→ t	实测值	计算值

2. 同相比例运算电路

① 按图 5.1.5(a)连接实验电路。实验步骤同内容 1，将结果记入表 5.1.2 中。

② 将图 5.1.5(a)中的 R_1 断开，得到图 5.1.5(b)电路，重复①。

表 5.1.2

$(U_i = 0.5\ \text{V}, f = 100\ \text{Hz})$

$U_i(\text{V})$	$U_o(\text{V})$	U_i波形	U_o波形	A_V	
		U_i ↑ ——→ t	U_o ↑ ——→ t	实测值	计算值

3. 反相加法运算电路

① 按图 5.1.4 连接实验电路，进行调零和消振。

② 输入信号要选择合适的直流信号幅度以确保集成运放工作在线性区。用直流电压表测量输入电压 U_{i1}，U_{i2} 及输出电压 U_o，记入表 5.1.3 中。

表 5.1.3

$U_{i1}(\text{V})$				
$U_{i2}(\text{V})$				
$U_o(\text{V})$				

4. 减法运算电路

① 按图 5.1.6 连接实验电路，进行调零和消振。

② 采用直流输入信号,实验步骤同内容3,结果记入表5.1.4中。

表 5.1.4

U_{i1} (V)					
U_{i2} (V)					
U_o (V)					

5. 积分运算电路

① 按图5.1.7连接实验电路,打开 K_2,闭合 K_1,对运放输出进行调零。

② 调零完成后,再打开 K_1,闭合 K_2,使 $U_C(0) = 0$。

③ 预先调好直流输入电压 $U_i = 0.5$ V,接入实验电路,再打开 K_2,然后用直流电压表测量输出电压 U_o,每隔5 s读一次 U_o,记入表5.1.5中,直到 U_o 不继续明显增大为止。

表 5.1.5

t (s)	0	5	10	15	20	25	30	……
U_o (V)								

实验总结

(1) 整理实验数据,画出波形图(注意波形间的相位关系)。

(2) 将理论计算结果和实测数据相比较,分析产生误差的原因。

(3) 分析讨论实验中出现的现象和问题。

思考题

(1) 在反相加法器中,如 U_{i1} 和 U_{i2} 均采用直流信号,并选定 $U_{i2} = -1$ V,当考虑到运算放大器的最大输出幅度(±12 V)时,$|U_{i1}|$ 的大小不应超过多少?

(2) 在积分电路中,如 $R_1 = 100$ kΩ,$C = 4.7$ μF,求时间常数。

(3) 假设 $U_i = 0.5$ V,问要使输出电压 U_o 达到5 V,需多长时间(设 $U_C(0) = 0$)?

(4) 为了不损坏集成块,实验中应注意什么问题?

实验 5.2 有源滤波电路

实验目的

(1) 熟悉用运放、电阻和电容组成有源低通滤波、高通滤波和带通、带阻滤波器。

(2) 学会测量有源滤波器的幅频特性。

实验原理

由 RC 元件与运算放大器组成的滤波器称为 RC 有源滤波器,其功能是让一定频率范围内的信号通过,抑制或急剧衰减此频率范围以外的信号。可用在信息处理、数据传输、抑制干扰等方面,但因受运算放大器频带限制,这类滤波器主要用于低频范围。根据对频率范围的选择不同,可分为低通(LPF)、高通(HPF)、带通(BPF)与带阻(BEF)等四种滤波器,它们的幅频特性如图 5.2.1 所示。

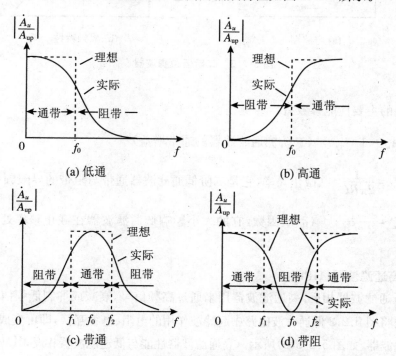

图 5.2.1 四种滤波电路的幅频特性示意图

　　具有理想幅频特性的滤波器是很难实现的,只能用实际的幅频特性去逼近它。一般来说,滤波器的幅频特性越好,其相频特性越差,反之亦然。滤波器的阶数越高,幅频特性衰减的速率越快,但 RC 网络的节数越多,元件参数计算越烦琐,电路调试越困难。任何高阶滤波器均可以用较低的二阶 RC 有源滤波器级联实现。

1. 低通滤波器(LPF)

　　低通滤波器是用来通过低频信号,衰减或抑制高频信号的。图 5.2.2(a)为典型的二阶有源低通滤波器电路。它由两级 RC 滤波环节与同相比例运算电路组成,其中第一级电容 C 接至输出端,引入适量的正反馈,以改善幅频特性。图 5.2.2(b)为二阶低通滤波器幅频特性曲线。

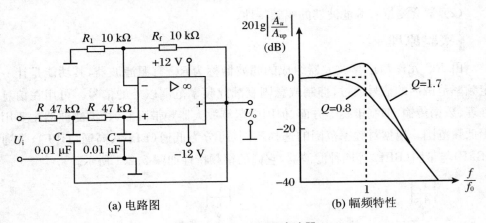

(a) 电路图　　　　　　　　　(b) 幅频特性

图 5.2.2　二阶低通滤波器

电路的主要性能参数有:

① $A_{up} = 1 + \dfrac{R_f}{R_1}$　　(二阶低通滤波器的通带增益)

② $f_0 = \dfrac{1}{2\pi RC}$　　(截止频率,它是二阶低通滤波器通带与阻带的界限频率)

③ $Q = \dfrac{1}{3 - A_{up}}$　　(品质因数,它的大小影响低通滤波器在截止频率处幅频特性的形状)

2. 高通滤波器(HPF)

　　与低通滤波器相反,高通滤波器用来通过高频信号,衰减或抑制低频信号。

　　只要将图 5.2.2 低通滤波电路中起滤波作用的电阻、电容互换,即可变成二阶有源高通滤波器,如图 5.2.3(a)所示。高通滤波器性能与低通滤波器相反,其频率响应和低通滤波器是"镜像"关系,仿照 LPH 的分析方法,不难求得 HPF 的幅频特性。

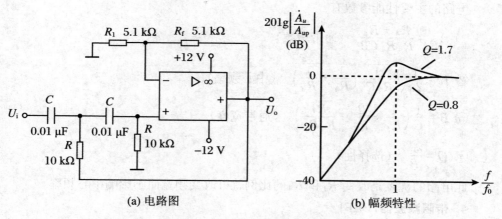

(a) 电路图　　　　　　　　(b) 幅频特性

图 5.2.3　二阶高通滤波器

电路性能参数 A_{up}, f_0, Q 各量的含义同二阶低通滤波器。

图 5.2.3(b)为二阶高通滤波器的幅频特性曲线,可见,它与二阶低通滤波器的幅频特性曲线有"镜像"关系。

3. 带通滤波器(BPF)

这种滤波器的作用是只允许在某一个通频带范围内的信号通过,而比通频带下限频率低或比通频带上限频率高的信号均加以衰减或抑制。

典型的带通滤波器可以通过把二阶低通滤波器其中一级改成高通得到,电路图如图 5.2.4(a)所示。

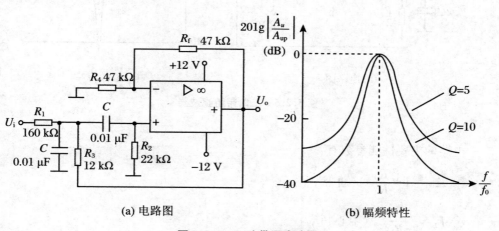

(a) 电路图　　　　　　　　(b) 幅频特性

图 5.2.4　二阶带通滤波器

电路的主要性能参数有：

① $A_{up} = \dfrac{R_4 + R_f}{R_4 R_1 CB}$　（通带增益）

② $f_0 = \dfrac{1}{2\pi} \sqrt{\dfrac{1}{R_2 C^2}\left(\dfrac{1}{R_1} + \dfrac{1}{R_3}\right)}$　（中心频率）

③ $B = \dfrac{1}{C}\left(\dfrac{1}{R_1} + \dfrac{2}{R_2} - \dfrac{R_f}{R_3 R_4}\right)$　（通带宽度）

④ $Q = \dfrac{\omega_0}{B}$　（选择性）

此电路的优点是改变 R_f 和 R_4 的比例就可改变频宽而不影响中心频率。

4. 带阻滤波器(BEF)

如图 5.2.5(a)所示，这种电路的性能和带通滤波器相反，即在规定的频带内，信号不能通过（或者受到很大衰减或抑制），而在其余频率范围内，信号则能顺利通过。在双 T 网络后加一级同相比例运算电路就构成了基本的二阶有源 BEF。

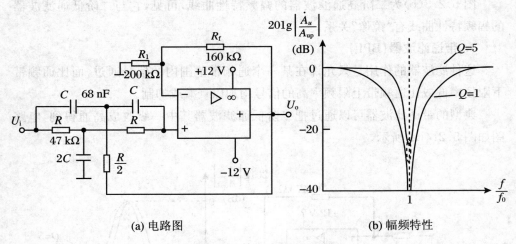

(a) 电路图　　　　　　　　　　　　(b) 幅频特性

图 5.2.5　二阶带阻滤波器

电路的主要性能参数有：

① $A_{up} = 1 + \dfrac{R_f}{R_1}$　（通带增益）

② $f_0 = \dfrac{1}{2\pi RC}$　（中心频率）

③ $B = 2(2 - A_{up})f_0$　（带阻宽度）

④ $Q = \dfrac{1}{2(2 - A_{up})}$　（选择性）

实验内容

1. 二阶低通滤波器

按图 5.2.2(a)连接实验电路。

① 粗测。接通 ±12 V 电源，U_i 接函数信号发生器，令其输出 $U_i = 1$ V 的正弦波信号，在滤波器截止频率附近改变输入信号频率，用示波器或交流毫伏表观察输出电压幅度的变化是否具备低通特性，如不具备，应排除电路故障。

② 在输出波形不失真的条件下，选取适当幅度的正弦输入信号，在维持输入信号幅度不变的情况下，逐点改变输入信号的频率。测量输出电压，记入表 5.2.1 中，描绘频率特性曲线。

表 5.2.1

f(Hz)	
U_o(V)	

2. 二阶高通滤波器

按图 5.2.3(a)连接实验电路。

① 粗测。输入 $U_i = 1$ V 的正弦波信号，在滤波器截止频率附近改变输入信号频率，观察电路是否具备高通特性。

② 测绘高通滤波器的幅频特性曲线，记入表 5.2.2 中。

表 5.2.2

f(Hz)	
U_o(V)	

3. 带通滤波器

按图 5.2.4(a)连接实验电路，测量其频率特性，记入表 5.2.3 中。

① 实测电路的中心频率 f_0。

② 以实测中心频率为中心，测绘电路的幅频特性。

表 5.2.3

f(Hz)	
U_o(V)	

4. 带阻滤波器

按图 5.2.5(a)连接实验电路。

① 实测电路的中心频率 f_0。

② 测绘电路的幅频特性,记入表 5.2.4 中。

表 5.2.4

f(Hz)	
U_o(V)	

实验总结

(1) 整理实验数据,画出各电路实测的幅频特性。

(2) 根据实验曲线,计算截止频率、中心频率、带宽及品质因数。

(3) 总结有源滤波电路的特性。

思考题

(1) 复习教材有关滤波器的内容。

(2) 分析图 5.2.2~图 5.2.5 所示电路,写出它们的增益特性表达式。

(3) 计算图 5.2.2、图 5.2.3 的截止频率,计算图 5.2.4、图 5.2.5 的中心频率。

(4) 画出上述四种电路的幅频特性曲线。

实验 5.3　用运算放大器组成万用电表的设计

实验目的

(1) 研究集成运算电路的实际应用。

(2) 研究集成运算电路组成万用表的设计与调试方法。

实验器材

(1) 表头　灵敏度 1 mA,内阻 100 Ω。

(2) 运算放大器　μA741。

(3) 电阻器　1/4W 的金属膜电阻器。

(4) 二极管　1N4007,1N4148。

(5) 稳压管　1N4728(稳定电压值约为 3.3 V)。

(6) 数字万用表、标准表等。

设计目标

(1) 直流电压表　　　　满量程 +6 V。

(2) 直流电流表　　　　满量程 10 mA。

(3) 交流电压表　　　　满量程 6 V,50 Hz~1 kHz。

(4) 交流电流表　　　　满量程 10 mA。

(5) 欧姆表　　　　　　满量程分别为 1 kΩ,10 kΩ,100 kΩ。

实验原理

在电子测量中,电表的接入应不影响被测电路的原工作状态,这就要求电压表应具有无穷大的输入电阻,电流表的内阻应为零。但实际上,万用电表表头的可动线圈总有一定的电阻,例如 100 μA 的表头,其内阻约为 1 kΩ,用它进行测量时将影响被测量,引起误差。此外,交流电表中的整流二极管的压降和非线性特性也会产生误差。如果在万用电表中使用运算放大器,就能大大降低这些误差,提高测量精度。在欧姆表中采用运算放大器,不仅能得到线性刻度,还能实现自动调零。

1. 直流电压表

图 5.3.1 为同相端输入,高精度直流电压表的原理图。

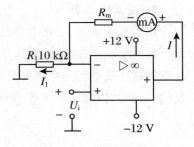

为了减小表头参数对测量精度的影响,将表头置于运算放大器的反馈回路中,这时,流经表头的电流与表头的参数无关,只要改变 R_1 一个电阻,就可进行量程的切换。

流过表头的电流 I 与被测电压 U_i 的关系为

$$I = \frac{U_i}{R_1} \tag{5.3.1}$$

图 5.3.1　直流电压表

图 5.3.1 适用于测量电路与运算放大器共地的有关电路,当被测电压较高时,在运放的输入端应设置衰减器。

2. 直流电流表

图 5.3.2 是浮地直流电流表的原理图。在电流测量中,浮地电流的测量是普遍存在的。例如,若被测电流无接地点,就属于这种情况。为此,应把运算放大器的电源也对地浮动,按此种方式构成的电流表就可像常规电流表那样,串联在任何电流通路中测量电流了。

表头电流 I 与被测电流 I_1 间的关系为

$$-I_1 R_1 = (I_1 - I) R_2 \tag{5.3.2}$$

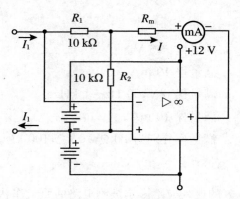

图 5.3.2　直流电流表

即

$$I = \left(1 + \frac{R_1}{R_2}\right)I_1 \tag{5.3.3}$$

可见,改变电阻比 R_1/R_2 可调节流过电流表的电流,以提高灵敏度。如果被测电流较大,应给电流表表头并联分流电阻。

3. 交流电压表

由运算放大器、二极管整流桥和直流毫安表组成的交流电压表如图 5.3.3 所示。被测交流电压 u_i 加到运算放大器的同相端,故有很高的输入阻抗,又因为负反馈能减小反馈回路中的非线性影响,故把二极管桥路和表头置于运算放大器的反馈回路中,以减小二极管本身非线性的影响。

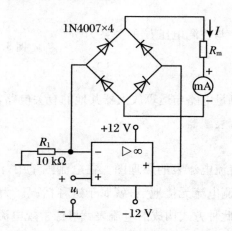

图 5.3.3　交流电压表

表头电流 I 与被测电压 u_i 的关系为

$$I = \frac{u_i}{R_1} \tag{5.3.4}$$

电流 I 全部流过桥路,其值仅与 u_i/R_1 有关,与桥路和表头参数(如二极管的死区等非线性参数)无关。表头中电流与被测电压 u_i 的全波整流平均值成正比,若 u_i 为正弦波,则表头可按有效值来刻度。被测电压的上限频率决定于运算放大器的频带和上升速率。

4. 交流电流表

图 5.3.4 为浮地交流电流表,表头读数由被测交流电流 i 的全波整流平均值 I_{1AV} 决定,即

$$I = \left(1 + \frac{R_1}{R_2}\right) I_{1AV} \tag{5.3.5}$$

如果被测电流 i 为正弦电流,即

$$i_1 = \sqrt{2} I_1 \sin\omega t \tag{5.3.6}$$

则上式可写为

$$I = 0.9\left(1 + \frac{R_1}{R_2}\right) I_1 \tag{5.3.7}$$

则表头可按有效值来刻度。

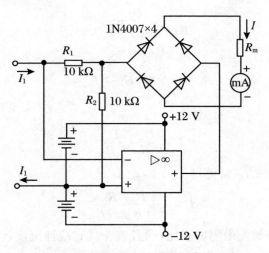

图 5.3.4　交流电流表

5. 欧姆表

图 5.3.5 为多量程的欧姆表。

在此电路中,运算放大器改由单电源供电,被测电阻 R_x 跨接在运算放大器的反馈回路中,同相端加基准电压 U_{REF}。

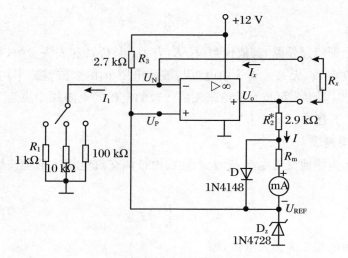

图 5.3.5　欧姆表

因为

$$U_P = U_N = U_{REF} \qquad\qquad (5.3.8)$$

$$I_1 = I_x \qquad\qquad (5.3.9)$$

$$\frac{U_{REF}}{R_1} = \frac{U_0 - U_{REF}}{R_x} \qquad\qquad (5.3.10)$$

即

$$R_x = \frac{R_1}{U_{REF}}(U_o - U_{REF}) \qquad\qquad (5.3.11)$$

流经表头的电流

$$I = \frac{U_o - U_{REF}}{R_2 + R_m} \qquad\qquad (5.3.12)$$

由上两式消去 $(U_o - U_{REF})$，可得

$$I = \frac{U_{REF} R_x}{R_1(R_m + R_2)} \qquad\qquad (5.3.13)$$

可见，电流 I 与被测电阻成正比，而且表头具有线性刻度，改变 R_1 值，可改变欧姆表的量程。这种欧姆表能自动调零，当 $R_x = 0$ 时，电路变成电压跟随器，$U_o = U_{REF}$，故表头电流为零，从而实现了自动调零。

二极管 D 起保护电表的作用，如果没有 D，当 R_x 超量程时，特别是当 $R_x \to \infty$ 时，运算放大器的输出电压将接近电源电压，使表头过载。有了 D 就可使输出钳位，防止表头过载。调整 R_2，可实现满量程调节。

电路设计

（1）万用电表的电路是多种多样的，建议用参考电路设计一只较完整的万用电表。

（2）万用电表做电压、电流或欧姆测量和进行量程切换时应用开关切换，但实验时可用引接线切换。

注意事项

（1）在连接电源时，正、负电源连接点上各接大容量的滤波电容器和 0.01～0.1 μF 的小电容器，以消除通过电源产生的干扰。

（2）万用电表的电性能测试要用标准电压、电流表校正，欧姆表用标准电阻校正。考虑实验要求不高，建议用数字式 $4\frac{1}{2}$ 位或更高位万用电表作为标准表。

设计报告

（1）参考课程设计的格式要求写出设计总结报告。

（2）画出完整的万用电表的设计电路原理图。

（3）将万用电表与标准表做测试比较，计算万用电表各功能挡的相对误差，分析误差原因。

（4）电路改进建议、收获与体会。

项目 6　波形产生电路

实验 6.1　RC 低频正弦波振荡电路

实验目的

(1) 掌握文氏电桥低频正弦波振荡器的工作原理和设计方法。
(2) 掌握文氏电桥振荡器的调整和测试方法。
(3) 研究文氏电桥振荡器中串、并联网络的选频特性。

实验原理

产生正弦波信号的振荡电路形式有很多,晶体振荡器产生频率较稳定的振荡,LC 振荡器适宜于产生频率较高的振荡,频率在几兆赫兹以下的,则广泛采用 RC 振荡器。从结构上看,正弦波振荡器是没有输入信号的,具有选频特性的正反馈放大器。若用 R,C 元件组成选频网络,就称为 RC 振荡器,一般用来产生 1 Hz～1 MHz 的低频信号。

1. 电路组成

图 6.1.1 为电压型文氏电桥振荡器电路图,它是由 RC 串、并联选频网络(图 6.1.2)组成的正反馈,和由 R_f 和 R_{E1} 组成的带负反馈的两级放大电路构成的基本放大器组成的(图 6.1.3)。

2. 频率特性

振荡电路的频率特性取决于正反馈回路的选频网络,用 Z_1 表示 RC 串联臂的阻抗,用 Z_2 表示 RC 并联臂的阻抗,其频率响应为

$$Z_1 = R_1 + \frac{1}{j\omega C_1} \tag{6.1.1}$$

$$Z_2 = R_2 // \frac{1}{j\omega C_2} = \frac{R_2}{1 + j\omega R_2 C_2} \tag{6.1.2}$$

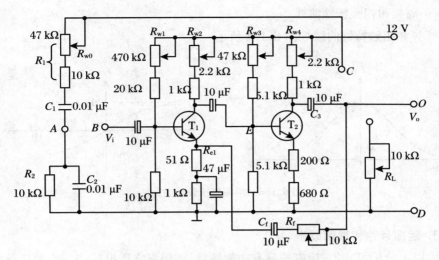

图 6.1.1　RC 文氏电桥振荡电路图

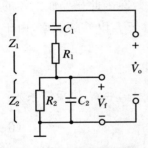

图 6.1.2　选频网络图

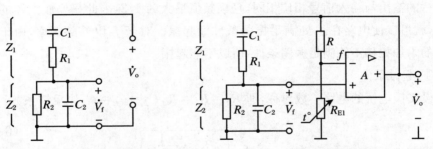

图 6.1.3　振荡电路组成

① 反馈系数

$$\dot{F} = \frac{\dot{V}_\mathrm{f}}{\dot{V}_\mathrm{o}} = \frac{1}{\left(1 + \dfrac{R_1}{R_2} + \dfrac{C_2}{C_1}\right) + j\left(\omega R_1 C_2 - \dfrac{1}{\omega R_2 C_1}\right)} \tag{6.1.3}$$

② 幅频特性和相频特性

$$|\dot{F}| = \frac{1}{\sqrt{\left(1 + \dfrac{R_1}{R_2} + \dfrac{C_2}{C_1}\right)^2 + \left(\omega R_1 C_2 - \dfrac{1}{\omega R_2 C_1}\right)^2}} = \frac{1}{\sqrt{3^2 + \left(\dfrac{\omega}{\omega_0} - \dfrac{\omega_0}{\omega}\right)^2}}$$

$$\tag{6.1.4}$$

$$\varphi_F = -\arctan\frac{\omega R_1 C_2 - \dfrac{1}{\omega R_2 C_1}}{1 + \dfrac{R_1}{R_2} + \dfrac{C_2}{C_1}} = -\arctan\frac{\dfrac{\omega}{\omega_0} - \dfrac{\omega_0}{\omega}}{3} \tag{6.1.5}$$

③ 幅频和相频特性曲线

幅频和相频特性曲线如图 6.1.4 所示。

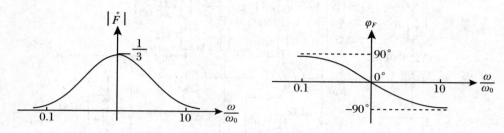

图 6.1.4　幅频和相频特性曲线

3. 起振条件和振荡频率

由以上分析可知,文氏电桥具有选频特性,如果将文氏电桥与一个两级放大器相连接(如图 6.1.1),由于两级放大器的输出与输入信号相位相同,而在 f_0 处,文氏电桥的输出与输入信号相位相同,且幅频值最大为 1/3,因此只要放大器的增益足够,就可以使电路在 f_0 处满足振荡条件而起振。对于 f_0 以外的频率,由于文氏电桥的附加相移不能满足振荡条件,所以不能起振。

① 起振条件

设文氏电桥的电路参数对称,即 $R_1 = R_2 = R$,$C_1 = C_2 = C$,则反馈系数:

$$\dot{F} = \frac{1}{3 + j\left(\omega RC - \dfrac{1}{\omega RC}\right)}　\tag{6.1.6}$$

起振条件为 $\dot{A}\dot{F} \geqslant 1$,由于 $|\dot{F}| \leqslant 1/3$,所以 $|\dot{A}| \geqslant 3$。

② 振荡频率

当取最大值时,$|\dot{F}| = 1/3$,有 $f = f_0 = \dfrac{1}{2\pi RC}$。

4. 振荡的稳定

根据对振荡条件的分析可知,要使电路起振应满足 $\dot{A}\dot{F} \geqslant 1$。当电路起振后,为使电路趋于稳定,又必须使 $\dot{A}\dot{F} = 1$。由于文氏电桥的选频作用远小于 LC 谐振回路的选频作用,为了得到较好的输出波形,不希望放大器进入非线性状态,这时就需要使放大器的放大倍数恰好处在略大于 3 倍处,另外由于电源电压变化等因素的影响,都有可能导致电路的停振。因此,为了使电路稳定可靠地振荡并具有良好的输出波形,除了有文氏电桥构成的正反馈支路外,还对放大器引进了由 R_f 和 R_{E1} 组成的负反馈支路(如果 R_{E1} 为具有负温度系数的热敏电阻会更好)。

实验内容

1. 基本放大电路静态工作点的调整

按图 6.1.1 连接好放大电路,其中 R_f,C_f 的负反馈支路和 R_1,C_1 与 R_2,C_2 的选频网络暂时断开。取 $U_{CC} = +12\text{ V}$,$U_i = 0$,用直流电压表分别测量第一级、第二级的静态工作点,记入表 6.1.1 中。

表 6.1.1

	U_B(V)	U_E(V)	U_C(V)	I_C(mA)
第一级				1(参考值)
第二级				2(参考值)

2. 选频网络幅频特性和相频特性的测试

按图 6.1.2 连接好 R_1,C_1 与 R_2,C_2 的选频网络,即图 6.1.1 中的 C 点、A 点到 D 点的电路,由 C 点到 D 点输入 3 V,1 kHz 左右的正弦交流信号,由 A 点到 D 点输出信号,将两路信号同时送至示波器(注意示波器的衰减微调旋钮应校零),调整 R_{w0} 的阻值,使输入、输出同相位时,输出幅度最大,将结果记入图 6.1.5 中。

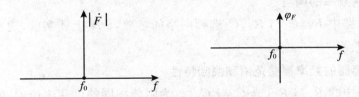

图 6.1.5　幅频和相频特性测试曲线

*3. 带负反馈的放大电路增益的调整和频率特性的测试

对照实验 2.1 通频特性测试的相关内容,在内容 1 的基础上,连接好负反馈回路,即将 R_f,C_f 的负反馈支路连接到图 6.1.1 中(选频网络依然断开),从函数信号发生器输出上述测试出的 f_0 及其附近频率的信号,送入图 6.1.1 的 B 点,调整反馈深度,使其在 f_0 附近的增益略大于 3,且波形不失真。将调整结果记入表 6.1.2中。

表 6.1.2

	f_{Lf}(kHz)	f_{Hf}(kHz)	A_{VHf0}	Δf_f(kHz)
负反馈放大器				

4. 振荡电路的粗调

撤除函数信号发生器的输出与基本放大器间的信号连线,将选频网络电路中的 C 点与闭环放大器的输出 O 点、选频网络电路的 A 点与闭环放大器的输入 B 点连接起来(图6.1.1),接上负载 R_L,构成完整的 RC 正弦波振荡电路,接通电源后,在输出端输出正弦波。若电源接通后,电路不起振(无正弦波形输出),应检查正反馈网络是否连接正确,负反馈放大器的闭环增益是否合适,如果不满足上述起振条件(电路连接完整后,相关参数会发生一些变化),可以通过调整反馈深度来调整闭环实现增益,从而得到起振的作用。起振后,若波形无明显失真,说明电路已经基本正常,粗调结束。

5. 振荡参数的测试

用示波器测试正弦波放大器的输出 O 点和选频网络 A 点波形的频率以及两者之间的相位关系,如果输出的正弦波波形不对称,可适当调整 R_{w0},如果波形有轻微失真,可适当调整 R_f,如果波形失真较明显,可适当调整或 R_{w1} 或 R_{w2},使振荡器的输出波形幅度最大且不失真。用频率计和失真度测量仪分别测量输出波形的有关参数(或描绘出示波器显示器上的波形并计算其参数)。

6. 振荡频率的调整

改变电路中 R_1,C_1 与 R_2,C_2 选频网络的参数,重复上述实验,观察振荡频率的变化情况。

7. 振荡器的频率覆盖范围和幅频特性

将电路中的 R_1 与 R_2(或 C_1 与 C_2)改为阻值相同的可变电位器,同步调整其阻值,观察输出波形的大小、频率和失真情况。

8. 撤除 R_1,C_1 与 R_2,C_2 的选频网络

测量静态时具有负反馈基本放大器的第一级、第二级的静态工作点,记入表6.1.3中,并与表6.1.1进行比较。

表 6.1.3

	$U_B(V)$	$U_E(V)$	$U_C(V)$	$I_C(mA)$
第一级				
第二级				

▌实验总结

(1) 由给定电路参数计算振荡频率,并与实测值比较,分析误差产生的原因。

(2) 总结 RC 振荡器的特点。

（3）振荡频率 $f = f_0 = \dfrac{1}{2\pi RC}$，只要 RC 的乘积一定，频率就唯一对应。为什么输出的正弦波的幅度和波形与 R 或 C 的取值有关？

思考题

（1）复习教材有关三种类型 RC 振荡器的结构与工作原理。

（2）文氏电桥正弦波振荡器的输出幅度和波形与哪些因素有关？在调整过程中如何判断？

（3）文氏电桥正弦波振荡器的输出幅度的幅频特性与哪些因素有关？如何调整才能得到平坦的幅频特性？

（4）文氏电桥正弦波振荡器的最高振荡频率受到哪些因素的限制？

（5）如何用示波器来测量振荡电路的振荡频率？

（6）如果用图 6.1.1 的电路对外输出正弦波，应该设置频率粗调整和频率细调整，哪些元件用于频率粗调整？哪些元件用于频率细调整？

（7）如果用图 6.1.1 的电路对外输出正弦波，应该如何设置输出幅度调整？

（8）文氏电桥正弦波振荡器的振荡频率 $f = f_0 = \dfrac{1}{2\pi \sqrt{R_1 C_1 R_2 C_2}}$，当 R 或 C 的取值任意时，为什么会出现不振荡？

实验 6.2　函数信号发生器的设计

实验目的

（1）了解单片多功能集成电路函数信号发生器的功能及特点。

（2）进一步掌握波形参数的测试方法。

实验器材

（1）失真度测量仪。

（2）双踪示波器。

（3）频率计。

（4）万用表、交流毫伏表。

（5）模拟电路实验箱。

（6）函数信号发生器芯片 ICL8038。

（7）晶体三极管 3DG12×1（9013）。

实验原理

ICL8038 单片集成函数信号发生器是一种具有多种波形输出的精密振荡集成电路，只需调整个别的外部元件就能产生 0.001 Hz～300 kHz 的低失真正弦波、三角波、矩形波等脉冲信号。振荡频率 $f = 0.33/RC\,(R = R_{\mathrm{EXTA}} = R_{\mathrm{EXTB}})$，其中 $R_{\mathrm{EXTA}} = R_{\mathrm{EXTB}}$ 为 4 脚、5 脚的上拉电阻，C 为 10 脚的外接电容，输出波形的频率和占空比还可以由电流或电阻控制。

该芯片具有调频信号输入端（7 脚和 8 脚），所以可以用来对低频信号进行频率调制。其内电路如图 6.2.2 所示，等效原理框图如图 6.2.1 所示。它由恒流源 I_1 和 I_2、电压比较器 A 和 B、触发器、缓冲器和三角波变正弦波电路等组成。

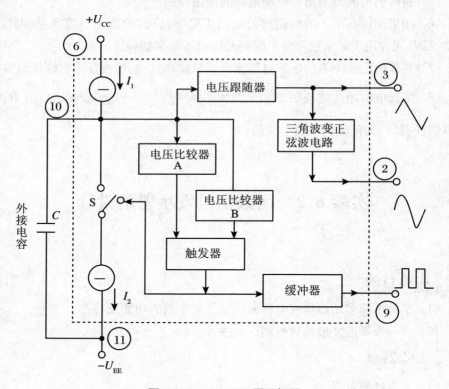

图 6.2.1　ICL8038 原理框图

ICL 的 10 脚外接电容 C 由两个恒流源充电和放电，电压比较器 A，B 的阈值分别为电源电压 $U_{\mathrm{CC}} + U_{\mathrm{EE}}$ 的 2/3 和 1/3。恒流源 I_1 和 I_2 的大小可通过外接电阻调节，但必须有 $I_2 > I_1$。当触发器的输出为低电平时，恒流源 I_2 断开，恒流源 I_1 给 10 脚外接电容 C 充电，它的两端电压 U_C 随时间线性上升，当 U_C 达到电源电压的

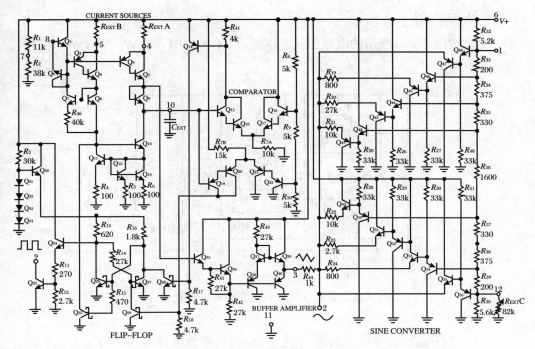

图 6.2.2 ICL8038 内电路图

2/3 时,电压比较器 A 的输出电压发生跳变,使触发器输出由低电平变为高电平,恒流源 I_2 接通,由于 $I_2 > I_1$($I_2 = 2I_1$),恒流源 I_2 将电流 $2I_1$ 加到 10 脚外接电容 C 上反充电,相当于电容 C 由一个净电流 I 放电,电容 C 两端的电压 U_C 又转为直线下降。当它下降到电源电压的 1/3 时,电压比较器 B 的输出电压发生跳变,使触发器的输出由高电平跳变为原来的低电平,恒流源 I_2 断开,I_1 再给电容 C 充电……如此周而复始,产生振荡。

调整电路,使 $I_2 = 2I_1$,则触发器输出为方波,经反相缓冲器由 9 脚输出方波信号。电容 C 上的电压 U_C 上升与下降时间相等,为三角波,经电压跟随器从 3 脚输出三角波信号。将三角波变成正弦波是经过一个非线性的变换网络(正弦波变换器)得以实现的,在这个非线性网络中,当三角波电位向两端顶点摆动时,网络提供的交流通路阻抗会减小,这样就使三角波的两端变为平滑的正弦波,从 2 脚输出。调节电位器 W_2 可以改变方波的占空比、锯齿波的上升时间和下降时间,调节电位器 W_1 可以改变输出信号的频率,调节电位器 W_3 和 W_4 可以调节正弦波的失真度,两者要相反。

实验内容

（1）按图 6.2.3 所示的电路图组装电路，取 $C = 0.01\ \mu\mathrm{F}$，$\mathrm{W_1}$，$\mathrm{W_2}$，$\mathrm{W_3}$，$\mathrm{W_4}$ 均置中间位置。

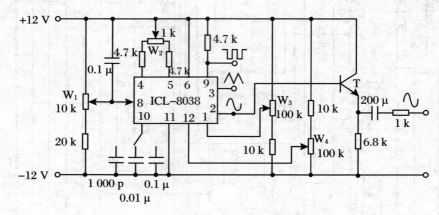

图 6.2.3　ICL8038 应用参考电路图

（2）调整电路，使其处于振荡，产生方波，通过调整电位器 $\mathrm{W_2}$，改变方波的占空比，将结果计入表 6.2.1 中。

表 6.2.1

（$C=$　　　）

	最小值	50%	最大值
占空比			
对应 $\mathrm{W_2}$ 的阻值			

（3）保持方波的占空比为 50% 不变，用示波器观测 ICL8038 正弦波输出端的波形，反复调整 $\mathrm{W_3}$，$\mathrm{W_4}$，使正弦波不产生明显的失真。

（4）改变电位器 $\mathrm{W_2}$ 的值，描绘三种输出波形计入表 6.2.2 中。

表 6.2.2

（$C=$　　　）

对应 $\mathrm{W_2}$ 的阻值	最小值	50%	最大值
正弦波			
方波			
锯齿波			

(5) 改变外接电容 C 的值(取 $C=0.1\ \mu F$ 和 1 000 pF),观测三种输出波形,并与 $C=0.01\ \mu F$ 时测得的波形做比较。

(6) 调节电位器 W_1,使输出信号从小到大变化,记录 8 脚的电位及对应输出正弦波的频率,计入表 6.2.3 中。

表 6.2.3

$(C=\ \ \ )$

	最小值				最大值
8 脚电位	4 V	6 V	8 V	10 V	
输出频率					

(7) 如有失真度测试仪,则测出 C 分别为 $0.1\ \mu F$,$0.01\ \mu F$ 和 1 000 pF 时的正弦波失真系数 r 的值(一般要求该值小于 3%)。

实验总结

(1) 分别画出 C 为 $0.1\ \mu F$,$0.01\ \mu F$ 和 1 000 pF 时所观测到的方波、三角波和正弦波的波形图,从中得出什么结论?

(2) 列表整理 C 取不同值时三种波形的频率和幅值。

(3) 组装、调整函数信号发生器的心得、体会。

思考题

(1) 查阅有关 ICL8038 的资料,熟悉管脚的排列及其功能,如何用其他运放芯片替代它?

(2) 如果改变了方波的占空比,此时三角波和正弦波输出端将会变成怎样的一个波形?

(3) 如何进一步提高输出信号的频率?

实验 6.3 集成电路正弦波振荡器的设计

实验目的

(1) 熟悉用集成运放设计信号发生器的方法。

(2) 掌握 RC 桥式振荡电路元器件的选择和振荡电路的调整测试方法。

（3）熟悉用集成运放设计波形变换电路的方法。

实验器材

拟定实验所需元器件，列出仪器、元器件清单。

技术指标与设计要求

1. 技术指标

① 用集成运放设计一个 RC 桥式正弦波振荡器：振荡频率为 $1\sim 2$ kHz；输出电压幅度不小于 1.5 V（负载 $R_L = 10$ kΩ）；波形正负半周对称、无明显失真。

② 设计一个正弦波变换成矩形波的电路：频率为 $1\sim 2$ kHz；输入正弦波由自己设计产生的振荡器提供，而且要求输入正弦波幅值变化时矩形波输出幅值不变。

2. 设计要求

① 设计上述电路，确定其参数。

② 确定调试方案，选择实验仪器。

③ 连接电路并调整测试，使电路达到设计要求。

预习要求

（1）掌握 RC 桥式振荡电路的工作原理和各部分元器件的选择。

（2）熟悉 RC 桥式振荡电路的调试步骤。

（3）熟悉将正弦波变换为矩形波电路的工作原理和元器件的选择。

设计提示

1. RC 桥式振荡电路设计的一般方法

（1）集成运放的选择

对运放的选择，除要求输入电阻高、输出电阻低外，最主要的是运放的增益带宽积应满足如下条件，即

$$A_u \times BW > 3f_0 \tag{6.3.1}$$

因振荡输出幅度比较大，集成运放工作在大信号状态，因此要求转换速率 S_R 满足

$$S_R \geqslant \omega_0 U_{om} \tag{6.3.2}$$

（2）选频网络元件值的确定

这时应按照振荡频率 $f_0 = \dfrac{1}{2\pi RC}$ 来选择 RC 的大小。为了减小集成运放输入阻抗对振荡频率的影响，应选择较小的 R，但为了减小集成运放输出阻抗对振荡频率的影响，又希望 R 大一些。通常集成运放的输入电阻均比较大，所以 R 可取大一些，一般可取几千欧至几十千欧的电阻。电容 C 一般至少为几百皮法，以减小

电路寄生电容对振荡频率的影响,电容过大以至需采用电解电容是不合适的。因此,C 可在几百皮法至 1 μF 之间选择。为了提高振荡频率的稳定度,一般选用稳定性较好、精度较高的电阻和介质损耗较小的电容。

(3) 负反馈电路元件值的确定

负反馈电路元件参数的大小将决定闭环后的增益。闭环增益大,起振容易、输出幅度大,但振荡波形容易产生失真;闭环增益小,输出波形好,但幅度小且容易停振。为了获得稳定的、具有一定幅度且失真小的振荡波形,通常采用非线性电阻构成负反馈电阻。用图 6.3.1 所示参考电路时,选用稳幅二极管应注意:① 从幅度的温度稳定性考虑,宜选用硅二极管;② 为了保证正、负半波幅度对称,V_1,V_2 的特性应一致。其次,电阻 R_3 越大,负反馈自动调节作用越灵敏、稳幅效果越好;R_3 减小,波形失真可减小,但稳幅效果会变差,可见选择 R_3 时应两者兼顾。实践证明,R_3 取几千欧即可(也可通过调试决定)。

R_1 的阻值过大,则流过负反馈电路的电流不足,会使二极管的非线性电阻特性不明显;但 R_1 的阻值过小,又会使集成运放输出电流过大。一般 R_1 的阻值应在数百欧到数千欧之间选取。

当 R_1,R_3 的阻值确定后,可按 $2R_1 > R_p > 2R_1 - R_3$ 来选取 R_p 的大小并留有一定的富余量。

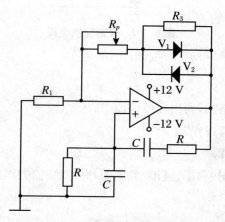

图 6.3.1 RC 桥式振荡参考电路

2. RC 桥式振荡电路的调试步骤

(1) 检查线路,应特别注意检查集成运放输出端是否短路,正、负电源是否接错,确认没有错误后接通直流电源。

(2) 用示波器观察输出端电压波形,若没有波形,应调节 R_p,增大 R_2 的值,直至出现振荡波形为止。若有波形,且调节 R_p 时输出波形幅度发生变化,说明示波器所示波形是正常的振荡波形。

(3)若振荡波形严重失真,应先调节 R_p,减小 R_2 或适当减小 R_3。若波形不对称,应检查二极管特性是否相同。

(4)振荡频率的调整。固定电容 C、改变电阻 R 或固定电阻 R、改变电容 C (串并联 R,C 应同步调整),直至振荡频率达到要求为止。

(5)适当调节 R_p 使振荡波形失真度及幅度达到要求,固定 R_p,即可用示波器、交流毫伏表及频率计对振荡电路的性能进行测量。

3. 波形变换

波形变换电路可参考图 6.3.2。用示波器观察波形变换电路输出波形。对于方波信号主要观察其上升和下降的陡度,如果方波前后沿不陡,应检查作为比较器的集成运放的转换速率是否不够高。

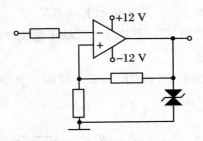

图 6.3.2   波形变换电路

实验报告

(1)画出设计电路图,列出元器件清单。

(2)写出设计计算过程。

(3)拟定调试步骤。

(4)记录有关数据(频率、波形、幅值等)并与理论值比较,分析误差。

思考题

(1)总结构成正弦波振荡器的方法和各自的优缺点。

(2)如何减少正弦波的失真和提高频率稳定度?

(3)如何进一步提高振荡频率?

(4)总结设计与调试的体会。

项目 7　功率放大电路

实验 7.1　OTL 低频功率放大电路的设计

实验目的

（1）掌握 OTL 功率放大器的工作原理。

（2）学会常用电路的设计及调试方法。

（3）学会功率放大电路主要性能指标的测试方法。

实验原理

音频功率放大器是音响系统中不可缺少的重要组成部分，其主要任务是将音频信号放大到足以推动外接负载，如扬声器、音箱等。功率放大器的主要要求是获得不失真或较小失真的输出功率，讨论的主要指标是输出功率、失真度以及电源利用效率。由于要求输出功率大，因此电源消耗的功率也大，就存在效益指标的问题。功率放大器大信号工作，使晶体管工作于非线性区域，因此非线性失真、晶体管功耗、散热、直流电源功率的转换效率等都是功放中的特殊问题。图 7.1.1 所示为 OTL 低频功率放大器设计参考电路，图 7.1.2 为性能更好的功率放大电路。

1. 电路结构

晶体三极管 T_1 构成推动级（也称前置放大级），用来将弱信号进行电压级的放大，采用 NPN 型硅管，温度稳定性较好。要降低噪声，就要从前级做起，否则，噪声会经后级放大，变得很明显。T_1 管工作于甲类状态，它的集电极电流 I_{C1} 由电位器 R_{w1} 进行调节。I_{C1} 的一部分流经电位器 R_{w2} 及电阻 R_3，给 T_2，T_3 提供偏压。T_2，T_3 是一对极型互补、参数对称的 NPN 和 PNP 型晶体三极管，它们组成互补对称推挽 OTL 功率放大电路，由于每一个管子都接成射极输出器的形式，因此具有输出电阻低，带负载能力强等优点，适合于作功率输出级。R_4，C_2 组成自举升压电路，一是可以提高输出信号的正向动态范围,二是可以提高 T_1 的集电极等效负载电阻(流经 T_1 集电极的电流基本不变),从而加大 T_1 的电压增益。

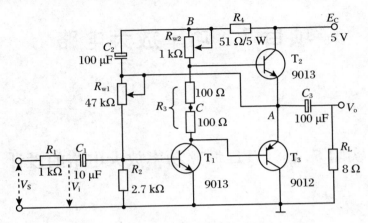

图 7.1.1　OTL 功率放大器设计参考电路

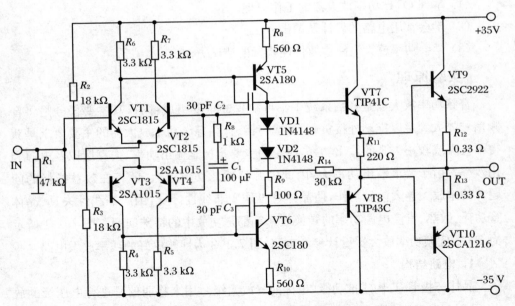

图 7.1.2　大功率高保真 OCL 功率放大器设计参考电路

2. 推挽工作原理

图 7.1.3 为推挽工作原理图。当有正弦交流信号 U_i 输入时,经 T_1 放大、倒相后同时作用于 T_2,T_3 的基极。在 U_i 的负半周期间,C 点电位上升,T_2 管发射结获得正偏,处于放大状态(T_3 管截止),集电极电流向电容 C_3 充电,电流通过负载 R_L,

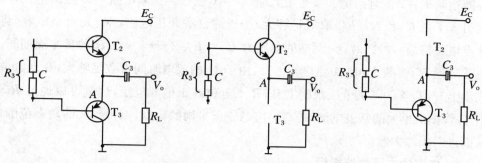

图 7.1.3　推挽工作原理图

R_L 获得正半周波形；在 U_i 的正半周期间，T_3 管发射结获得正偏而处于放大状态（T_2 截止），则已充好电的电容器 C_3 起着电源的作用，通过负载 R_L 放电，R_L 获得负半周波形。这样，在 R_L 上就得到了完整的正弦波，如图 7.1.4 所示。

3. 交越失真

由于 T_1 管工作于甲类状态，它的集电极电流 I_{C1} 由电位器 R_{w1} 进行调节，如果电流 I_{C1} 在 R_3 中点 C 形成的电位与 A 点电位不等，就会造成 T_2，T_3 管不能脱离截止区而同时处于放大状态，缺失的偏置电压只能由输入信号提供，所以会造成输入信号在零点附近的失真，这种失真称之为交越失真，如图 7.1.5 所示。解决的办法是，为晶体管 T_2，T_3 同时提供一定的静态工作电流，使它们工作在甲乙类工作状态。

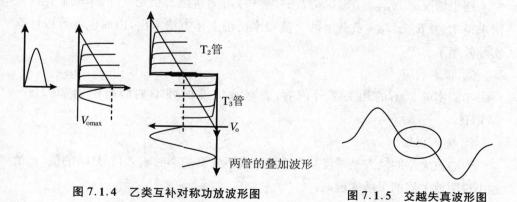

图 7.1.4　乙类互补对称功放波形图　　　　**图 7.1.5　交越失真波形图**

4. 自举电路

当输入信号的强度使 T_2 管处于导通时，由于 R_3，R_{w2} 的限压作用，使得 T_2 管基极电位不能继续升高，不能给 T_2 管提供足够大的基极电流，电流输出能力急剧下降，会造成信号的顶部产生失真（这种失真只会在大信号时发生），输出电压的幅度

不能达到 $E_C/2$ 的理想值。要想增大输出功率,就必须提高电路中 B 点的电位,为此引入了由 C_2 和 R_4(RC 取值足够大)构成的自举升压电路。C_2 是自举电容(将 B 点电位抬高),静态时,C_2 两端的电压为 $U_C = E_C/2 - V_{R_4}$,在 U_i 的负半周期间,T_2 管导通(T_3 管截止)时 A 点电位上升,由于 C_2 的放电时间常数足够大,B 点电位同步上升,T_2 管的基极电压跟着上升,B 点电位高于电源电压,这就可以通过 R_{w2} 给 T_2 管提供更大的基极电流,提高输出电压正半周的幅度,以得到大的动态范围,从而进一步加大输出功率。

5. 电路的主要性能指标

① 最大不失真输出功率 P_{om}

理想情况下,有

$$P_{om} = \frac{1}{8}\frac{E_C^2}{R_L} \tag{7.1.1}$$

在实验中可通过测量 R_L 两端的电压有效值,来求得实际输出功率:

$$P_{om} = \frac{U_o^2}{R_L} \tag{7.1.2}$$

② 效率 η

$$\eta = \frac{P_{om}}{P_E} \times 100\%$$

式中,P_E 为直流电源供给的平均功率。

理想情况下,$\eta_{max} = 78.5\%$。在实验中,可测量电源供给的平均电流 I_{DC},从而求得 $P_E = E_C \cdot I_{DC}$,负载上的交流功率已用上述方法求出,因而也就可以计算实际效率了。

③ 频率响应

参阅实验 2.1 的相关部分内容,音频放大器的频率响应范围为 20 Hz～20 kHz。

④ 输入灵敏度

音频放大器的输入灵敏度是指输出最大不失真功率时输入信号 U_i 的值,此值越小说明放大器的灵敏度越高。

设计内容

1. 静态工作点的设计

图 7.1.1 给出了一种参考实验电路,将输入信号旋钮旋至零($U_i = 0$),电源进线中串入直流毫安表,电位器 R_{w2} 置最大值,R_{w1} 置中间位置。接通 +5 V 电源,观察毫安表的指示,同时用手触摸输出级的管子,若电流过大(100 mA 以上),或管子

温升显著,应立即断开电源检查原因(如 R_{w1} 开路,电路自激,或输出管性能不良等)。如无异常现象,可开始调试。

(1) 调节输出端中点电位 U_A

调节 R_{w2},可以使 T_2,T_3 得到合适的静态电流而工作于甲乙类状态,以克服交越失真。静态时,要求输出端中点 A 的电位 $U_A = \frac{1}{2} U_{CC}$,可以通过同时调节 R_{w1},R_{w2} 来实现,又由于 R_{w1} 的一端接在 A 点,因此 T_1 的集电极电流在 R_3,R_{w2} 上产生的压降影响了 T_2,T_3 的静态电流,使得 A 点的电位又受到影响,给调试带来了一定的难度。实验时,需要反复调节 R_{w1},R_{w2},使得 $U_A = \frac{1}{2} U_{CC}$,各晶体管静态电流在 5～10 mA。该电路中还通过 R_{w1} 引入了交、直流电压并联负反馈,一方面能够稳定放大器的静态工作点,同时也改善了非线性失真。

(2) 调整输出级静态电流及测试各级静态工作点

调节 R_{w2},使 T_2,T_3 管的 $I_{C2} = I_{C3} = 5～10$ mA。从减小交越失真角度而言,应适当加大输出级静态电流,但该电流过大,会使效率降低,所以一般以 5～10 mA 为宜。由于毫安表是串在电源进线中的,因此测得的是整个放大器的静态电流,如要准确得到末级静态电流,则可从总电流中减去 I_{C1} 的值。

调整输出级静态电流的另一方法是动态调试法。先使 $R_{w2} = 0$,在输入端接入 $f = 1$ kHz 的正弦信号 U_i,逐渐加大输入信号的幅值,此时,输出波形应出现较严重的交越失真(注意:没有饱和和截止失真),然后缓慢增大 R_{w2},当交越失真刚好消失时,停止调节 R_{w2},恢复 $U_i = 0$,此时直流毫安表读数即为输出级静态电流。一般数值也应在 5～10 mA 范围,如过大,则要检查电路。(实际调节时,可取 $R_{w1} = 8$ kΩ,$R_{w2} \approx 280$ Ω。)

输出级电流调好以后,测量各级静态工作点,记入表 7.1.1 中。

表 7.1.1

($I_{C2} = I_{C3} =$ 　　　 mA,$U_A = 2.5$ V)

	T_1	T_2	T_3
U_B(V)			
U_C(V)			
U_E(V)			

2. 最大输出功率 P_{om} 和效率 η 的测量

(1) 测量 P_{om}

输入端接 $f = 1$ kHz 的正弦信号 U_i,输出端用示波器观察输出电压 U_o 的波形。逐渐增大 U_i，使输出电压达到最大不失真输出，用交流毫伏表测出负载 R_L 上的电压 U_{om}，或直接从示波器上读出 U_{ompp}，则有

$$P_{om} = \frac{U_{om}^2}{R_L} \tag{7.1.3}$$

（2）测量 η

直流电源提供的功率为

$$P_V = V_{CC} \frac{1}{2\pi} \int_0^\pi I_{cm} \cdot \sin\omega t \, \mathrm{d}(\omega)\omega = \frac{V_{CC} I_{cm}}{\pi} \tag{7.1.4}$$

当输出电压为最大不失真输出时，读出直流毫安表中电路总的电流值，此电流即为直流电源供给的平均电流 I_{DC}（有一定误差），由此可近似求得

$$P_E = U_{CC} I_{DC} \tag{7.1.5}$$

再根据上面测得的 P_{om}，即可求出

$$\eta = \frac{P_{om}}{P_E} \tag{7.1.6}$$

3. 输入灵敏度的测试

根据输入灵敏度的定义，只要测出电路在最大不失真输出功率时的输入电压值 U_i 即可。注意，最大不失真输出功率与电路的工作频率有关，一般选择在中频段。

4. 频率响应的测试

测试方法同实验 2.1，由于音频放大器工作的频率为 20 Hz～20 kHz，因此要选择合适的频率点，测量结果记入表 7.1.2 中。

表 7.1.2

$(U_i = \quad mV)$

		$f_L =$		$f_M =$			$f_H =$	
f(Hz)				1000				
U_o(V)								
A_V								

在测试时，为了保证电路工作的安全，应在较低的输入电压下进行，通常取输入信号为输入灵敏度的 50% 左右。在整个测试过程中，应保持 U_i 为恒定值，且输出波形不得失真。

5. 研究自举电路的作用

① 测量有自举电路，且 $P_o = P_{omax}$ 时的电压增益 $A_V = U_{om}/U_i$。

② 将 C_2 开路，R_4 短路（无自举），再测量 $P_o = P_{omax}$ 时的 A_V。

用示波器观察①、②两种情况下的输出电压波形,并将以上两项测量结果进行比较,分析研究自举电路的作用。

6. 噪声电压的测试

测量时将输入端短路($U_i = 0$),观察输出噪声的波形,并用交流毫伏表测量输出电压,即为噪声电压 U_N,本电路若 $U_N < 15$ mV,即满足功率放大电路的一般性设计要求。

7. 试听

用其他音频信号源的输出作为输入信号,输出端接扬声器音箱及示波器。开机试听,并观察语言和音乐信号的输出波形。

实验总结

(1) 整理实验数据,计算静态工作点、最大不失真输出功率 P_{om}、效率 η 等,并与理论值进行比较,画出频率响应曲线。

(2) 分析自举电路的作用。

(3) 讨论实验中发生的问题及解决的办法。

思考题

(1) 为什么引入自举电路能够扩大输出电压的动态范围?

(2) 交越失真产生的原因是什么? 怎样克服交越失真? 如何给图 7.1.1 电路更好的方案?

(3) 电路中电位器 R_{w2} 如果开路或短路,对电路工作有何影响?

(4) 为了不损坏输出管,调试中应注意什么问题?

(5) 如果电路有自激现象,应如何消除?

实验 7.2 集成功率放大电路的研究

实验目的

(1) 熟悉通用功率放大集成电路的应用。

(2) 学习集成放大器基本技术指标的测试。

实验器材

(1) 双踪示波器。

（2）交流毫伏表。

（3）模拟电路实验装置。

（4）LM386 芯片、万用表、扬声器、音频信号源等。

▌实验原理

集成功率放大器由集成功放块和一些外接阻容元件构成。它具有线路简单，性能优越，工作可靠，调试方便等优点，已经成为在音频领域中应用十分广泛的功率放大器。

电路中最主要的组件为集成功放块，通常包括前置级、推动级和功率级等几部分。有些还有具有一些特殊功能（消除噪声、短路保护等）的电路。其电压增益较高（不加负反馈时，电压增益在 70～80 dB，加典型负反馈时电压增益在 40 dB 以上）。

集成功率放大器除具有可靠性高、使用方便、性能好、轻便小巧、成本低廉等特点外，还具有温度稳定性好、电源利用率高、功耗较低、非线性失真较小等优点，还可以将过压保护电路、负载短路保护电路、电源浪涌过冲电压保护电路、静噪声抑制电路、电子滤波电路等功能集成在芯片内，使用起来更加安全。

集成功放种类很多，从用途上划分，有通用型功放和专用型功放；从输出功率上划分，有小功率功放和大功率功放等。这里以一种通用型小功率集成功率放大器 LM386 为例进行介绍。

1. LM386 内部电路

LM386 是一种音频功率放大集成模块，具有自身功率低、电压增益可调整、电源电压范围大、外接元件少和总谐波失真小等优点，被广泛应用于各种民用产品中。LM386 的内部电路原理图如图 7.2.1 所示。

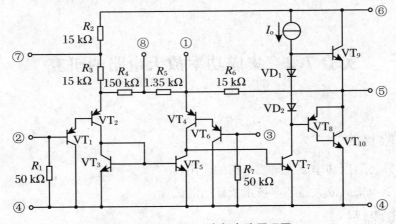

图 7.2.1   LM386 内部电路原理图

输入级为差分放大电路,VT_1 和 VT_2,VT_4 和 VT_6 分别构成复合管,作为差分放大电路的放大管;VT_3 和 VT_5 组成镜像电流源,作为 VT_2 和 VT_4 的有源负载;信号从 VT_1 和 VT_6 的基极输入,从 VT_4 的集电极输出,为双端输入单端输出差分电路。中间级为共射放大电路,VT_7 作为前置放大管,恒流源作有源负载,以增大放大倍数。输出级中的 VT_8 和 VT_{10} 复合成 PNP 型管,与 NPN 型管 VT_9 构成准互补输出级。二极管 VD_1 和 VD_2 为输出级提供合适的偏置电压,用来消除交越失真。电阻 R_6 从输出端连接到 VT_4 的发射级,形成反馈通路,并与 R_4 和 R_5 构成反馈网络。从而引入了深度电压串联负反馈,使整个电路具有稳定的电压增益。该电路由单电源供电,故为 OTL 电路,输出端(引脚 5)应外接输出电容后再接负载。

2. LM386 的引脚图

LM386 引脚排列图如图 7.2.2 所示。引脚 2 为反相输入端,引脚 3 为同相输入端;引脚 5 为输出端;引脚 6 和 4 分别为电源和地;引脚 1 和 8 为电压增益设定端;使用时在引脚 7 和地之间接旁路电容,通常取 10 μF。

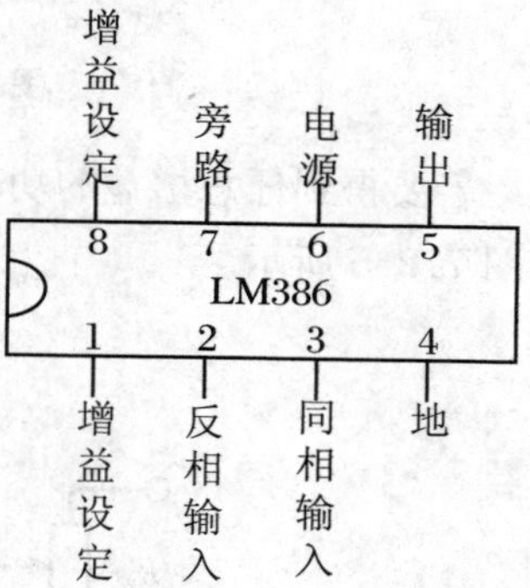

3. LM386 的典型应用电路

LM386 的电压增益近似等于 2 倍的 1 脚和 5 脚内部的电阻值除以内部 VT_2 和 VT_4 发射极之间的电阻值。所以 LM386 组成的最小增益功率放大器,总的电压增益为

$$A_V = 2 \times \frac{R_6}{R_4 + R_5} = 2 \times \frac{15\ \Omega}{0.15\ \Omega + 1.35\ \Omega} = 20$$

增益设定	旁路	电源	输出
8	7	6	5
LM386			
1	2	3	4
增益设定	反相输入	同相输入	地

图 7.2.2 LM386 引脚图

图 7.2.3 为 LM386 的最少元件用法,其总的电压放大倍数为 20,利用 R_w 可以调节扬声器的音量。

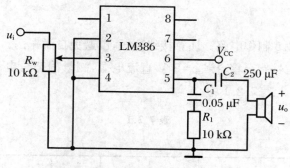

图 7.2.3 LM386 的最少元件用法

如果要得到最大增益的功率放大器电路,可采用图 7.2.4 所示电路。由于 1 脚和 8 脚之间接入一电解电容器,则该电路的电压增益将变得最大。电压增益为

$$A_V = 2 \times \frac{R_6}{R_4} = 2 \times \frac{15\ \Omega}{0.15\ \Omega} = 200$$

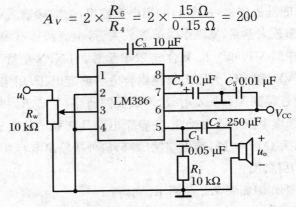

图 7.2.4   LM386 的最大增益用法

若要得到任意增益的功率放大器,可在 1 脚和 8 脚之间再接入一个可变电阻,如图 7.2.5 所示。

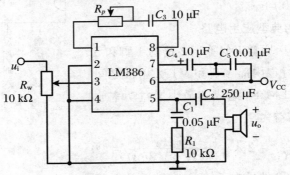

图 7.2.5   LM386 典型应用电路

设计内容

(1) 按图 7.2.5 制作电路。注意接线要短,以避免自激振荡。

(2) 将输入信号旋至零,接通 +9 V 直流电源,测量静态总电流以及集成块各引脚对地电压,记入表 7.2.1 中。

表 7.2.1

(静态总电流 =   )

引脚号							
直流电位							

（3）加入频率为 1 kHz,10 mV 的正弦波信号,用示波器观察功放电路的输出波形,估算电压放大倍数。

（4）改变电源电压,测量并比较输出功率和效率。

输入 $f=1$ kHz 的交流正弦波,使输出幅度最大而不失真,结果记录在表 7.2.2 中。

表 7.2.2

V_{CC}(V)	U_o(V)	I(mA)	P_o(W)	P_E(W)	$\eta = P_o/P_E$
12					
6					

（5）改变负载,测量并比较输出功率和效率。输入 $f=1$ kHz 的交流正弦波,幅值调到使输出幅度最大而不失真,结果记录在表 7.2.3 中。

表 7.2.3

R_L	U_o(V)	I(mA)	P_o(W)	P_E(W)	$\eta = P_o/P_E$
5.1 kΩ					
扬声器(8 Ω)					

▌实验总结

（1）整理实验数据,并进行分析。

（2）讨论实验中发生的问题及解决办法。

（3）如何将电路改接为程控方式?

▌思考题

（1）了解相关集成功率放大器的通常用法。

（2）若在无输入信号时,从接在输出端的示波器上观察到频率较高的波形,应如何消除?

（3）进行本实验时,应注意以下几点:

① 电源电压不允许超过极限值,不允许极性接反,否则集成块将遭损坏。

② 电路工作时绝对避免负载短路,否则将烧毁集成块。

③ 接通电源后,时刻注意集成块的温度,有时,未加输入信号集成块就发热过甚,同时直流毫安表指示出较大的电流及示波器显示出幅度较大、频率较高的波形,说明电路有自激现象,应立即关机,然后进行故障分析、处理。待自激振荡消除后,才能重新进行实验。

④ 输入信号不要过大。

项目 8　稳压电源电路

实验 8.1　串联型直流稳压电源电路的研究

实验目的

(1) 研究单相桥式整流、电容滤波电路的特性。

(2) 掌握串联型晶体管稳压电源主要技术指标的测试方法。

(3) 研究过流保护的方法。

预习要求

(1) 在桥式整流电路实验中,能否用双踪示波器同时观察 U_2 和 U_L 的波形,为什么?

(2) 桥式整流电路中,如果某个二极管发生开路、短路或反接的情况,将会出现什么问题?

(3) 说明图 8.1.2 中 U_2,U_i,U_o 及 $\tilde{U}_o$ 的物理意义,并从实验仪器中选择合适的测量仪表。

(4) 为了使稳压电源的输出电压 $U_o = 12\ \text{V}$,则其输入电压的最小值 U_{imin} 应等于多少? 交流输入电压 U_{2min} 又怎样确定?

(5) 当稳压电源输出不正常,或输出电压 U_o 不随取样电位器 R_w 而变化时,如何进行检查?

(6) 分析保护电路的工作原理,如何设置保护电流的大小?

(7) 怎样提高稳压电源的性能指标,如减小 S 和 R_o?

实验原理

电子设备一般都需要直流电源供电。这些直流电除了少数直接利用干电池和直流发电机外,大多数是采用把工频交流电转变为直流电源的直流稳压电源。

直流稳压电源一般由降压电源变压器、整流、滤波和稳压电路四部分组成,其原理框图如图 8.1.1 所示。交流电网供给的工频交流电压 U_1(220 V,50 Hz)经电源变压器降压后,得到符合电路需要的交流电压 U_2,然后由整流电路变换成方向不变、大小随时间变化的脉动电压 U_3,再通过滤波器滤去其交流分量,得到比较平滑的直流电压 U_i。但这样的直流输出电压还会随交流电网电压的波动或负载的变动而变化。在对直流供电要求较高的场合,还需要使用稳压电路,以保证输出直流电压更加稳定。

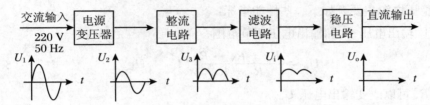

图 8.1.1 直流稳压电源框图

图 8.1.2 是由分立元件组成的串联型稳压电源的电路图,整流部分为单相桥式整流,稳压部分为串联型稳压电路,它由晶体管 T_1 构成的调整元件,T_2,R_7 构成的比较放大器,R_1,R_2,R_w 构成的取样电路,D_w,R_3 构成的基准电压,T_3 管及电阻 R_4,R_5,R_6 构成的过流保护电路等组成。由于调整管 T_1 和负载具有串联关系,一般称为串联型稳压电源,整个稳压电路是一个具有电压串联负反馈的闭环系统。

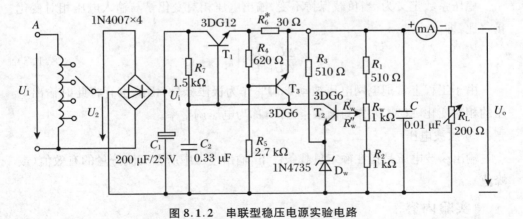

图 8.1.2 串联型稳压电源实验电路

当电网电压波动或负载变动引起输出直流电压发生变化时,取样电路取出输出电压的一部分送入比较放大器,并与基准电压进行比较,产生的误差信号经 T_2 放大后送至调整管 T_1 的基极,使调整管改变其管压降,以补偿输出电压的变化,从而达到稳定输出电压的目的。

　　由于在稳压电路中,调整管与负载串联,因此流过它的电流与负载电流一样大。当输出电流过大或发生短路时,调整管会因电流过大或电压过高而损坏,所以需要对调整管加以保护。在图 8.1.2 电路中,晶体管 T_3 和电阻 R_4, R_5, R_6 组成减流型保护电路。此电路设计在 $I_{oP} = 1.2 I_o$ 时开始起保护作用,此时输出电流减小,输出电压降低。故障排除后电路应能自动恢复正常工作。在调试时,若保护提前作用,应减少 R_6 的值;若保护作用滞后,则应增大 R_6 的值。

　　稳压电源主要有如下一些性能指标:

　　① 输出电压 U_o 和输出电压调节范围

$$U_o = \frac{R_1 + R_w + R_2}{R_2 + R_w''}(U_Z + U_{BE2}) \tag{8.1.1}$$

调节 R_w 可以改变输出电压 U_o。

　　② 最大负载电流 I_{om}。

　　③ 输出电阻 R_o。

　　输出电阻 R_o 定义为:当输入电压 U_i(指稳压电路输入电压)保持不变时,由于负载变化而引起的输出电压变化量与输出电流变化量之比,即

$$R_o = \frac{\Delta U_o}{\Delta I_o}\bigg|_{U_i = 常数} \tag{8.1.2}$$

　　④ 稳压系数 S(电压调整率)

　　稳压系数定义为:当负载保持不变,输出电压相对变化量与输入电压相对变化量之比,即

$$S = \frac{\Delta U_o / U_o}{\Delta U_i / U_i}\bigg|_{R_L = 常数} \tag{8.1.3}$$

　　由于工程上常把电网电压波动 ± 10% 作为极限条件,因此也有将此时输出电压的相对变化 $\Delta U_o / U_o$ 作为衡量指标的,称为电压调整率。

　　⑤ 纹波电压

　　输出纹波电压是指在额定负载条件下,输出电压中所含交流分量的有效值(或峰值)。

实验内容

1. 整流滤波电路测试

　　按图 8.1.3 连接实验电路。取可调工频电源电压为 15 V,作为整流电路输入电压 U_2。

　　① 取 $R_L = 240\ \Omega$,不加滤波电容,测量直流输出电压 U_L 及纹波电压 $\tilde{U}_L$,并用

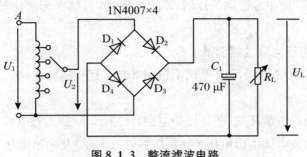

图 8.1.3　整流滤波电路

示波器观察 U_2 和 U_L 波形,记入表 8.1.1 中。

表 8.1.1

($U_2 = 15$ V)

电路形式	$U_L(V)$	$\widetilde{U}_L(V)$	U_L的波形
$R_L = 240\ \Omega$			
$R_L = 240\ \Omega$ $C = 470\ \mu F$			
$R_L = 120\ \Omega$ $C = 470\ \mu F$			

　② 取 $R_L = 240\ \Omega$,$C = 470\ \mu F$,重复内容①的要求,结果记入表 8.1.1 中。

　③ 取 $R_L = 120\ \Omega$,$C = 470\ \mu F$,重复内容①的要求,结果记入表 8.1.1 中。

注意:每次改接电路时,必须切断工频电源。在观察输出电压 U_L 波形的过程中,"Y 轴灵敏度"旋钮位置调好以后,不要再变动,否则将无法比较各波形的脉动情况。

2. 串联型稳压电源性能测试

切断工频电源,在图 8.1.3 基础上按图 8.1.2 连接实验电路。

(1) 初测

稳压器输出端负载开路,断开保护电路,接通 15 V 的工频电源,测量整流电路输入电压 U_2,滤波电路输出电压 U_i(稳压器输入电压)及输出电压 U_o。调节电位器 R_w,观察 U_o 的大小和变化情况,如果 U_o 能跟随 R_w 线性变化,这说明稳压电路各反馈环路工作基本正常。否则,说明稳压电路有故障,因为稳压器是一个深负反馈的闭环系统,只要环路中任一个环节出现故障(某管截止或饱和),稳压器就会失去自动调节作用。此时可分别检查基准电压 U_Z,输入电压 U_i,输出电压 U_o,以及比较放大器和调整管各电极的电位(主要是 U_{BE} 和 U_{CE}),分析它们的工作状态是否都处在线性区,从而找出不能正常工作的原因。排除故障以后就可以进行下一步测试了。

(2) 测量输出电压可调范围

接入负载 R_L(滑线变阻器),并调节 R_L,使输出电流 $I_o \approx 100$ mA。再调节电位器 R_w,测量输出电压可调范围 $U_{omin} \sim U_{omax}$。且使 R_w 动点在中间位置附近时 $U_o = 12$ V。若不满足要求,可适当调整 R_1,R_2 之值。

(3) 测量各级静态工作点

调节输出电压 $U_o = 12$ V,输出电流 $I_o = 100$ mA,测量各级静态工作点,结果记入表 8.1.2 中。

表 8.1.2

($U_2 = 16$ V,$U_o = 12$ V,$I_o = 100$ mA)

	T_1	T_2	T_3
U_B(V)			
U_C(V)			
U_E(V)			

(4) 测量稳压系数 S

取 $I_o = 100$ mA,按表 8.1.3 改变整流电路输入电压 U_2(模拟电网电压波动),分别测出相应的稳压器输入电压 U_i 及输出直流电压 U_o,记入表 8.1.3 中。

<table>
<tr><th colspan="4">表 8.1.3</th><th colspan="3">表 8.1.4</th></tr>
<tr><th colspan="4">（$I_o = 100$ mA）</th><th colspan="3">（$U_2 = 15$ V）</th></tr>
</table>

测　试　值			计算值	测　试　值		计算值
U_2(V)	U_i(V)	U_o(V)	S	I_o(mA)	U_o(V)	R_o(Ω)
12			$S_{12} =$	空载		$R_{o12} =$
15		12		50	12	
18			$S_{23} =$	100		$R_{o23} =$

（5）测量输出电阻 R_o。

取 $U_2 = 15$ V，改变滑线变阻器的位置，使 I_o 为空载、50 mA 和 100 mA，测量相应的 U_o 值，记入表 8.1.4 中。

（6）测量输出纹波电压

取 $U_2 = 15$ V，$U_o = 12$ V，$I_o = 100$ mA，测量输出纹波电压 U_o，进行记录。

（7）调整过流保护电路

① 断开工频电源，接上保护回路，再接通工频电源，调节 R_w 及 R_L，使 $U_o = 12$ V，$I_o = 100$ mA ，此时保护电路应不起作用。测出 T_3 管各极电位值，记入表 8.1.5 中。

② 逐渐减小 R_L，使 I_o 增加到 120 mA ，观察 U_o 是否下降，并测出保护起作用时 T_3 管各极的电位值。若保护作用过早或滞后，可改变 R_6 之值进行调整，记入表 8.1.5 中。

③ 用导线瞬时短接一下输出端，测量 U_o 值，然后去掉导线，检查电路是否能自动恢复正常工作。

<table>
<tr><th colspan="4">表 8.1.5</th></tr>
</table>

	T_{3B}(V)	T_{3C}(V)	T_{3E}(V)
$I_o = 100$ mA			
$I_o = 120$ mA			
$U_o = 0$ V			

实验总结

（1）对表 8.1.1 所测结果进行全面分析，总结桥式整流、电容滤波电路的特点。

（2）根据表 8.1.3 和表 8.1.4 所测数据，计算稳压电路的稳压系数 S 和输出电阻 R_o。

（3）分析讨论实验中出现的故障及其排除方法。

实验 8.2　集成电路直流稳压电源电路的研究

实验目的

（1）研究集成稳压器的特点和性能指标的测试方法。

（2）了解集成稳压器扩展性能的方法。

实验器材

（1）双踪示波器。

（2）函数信号发生器。

（3）模拟电路实验箱。

（4）集成三端稳压器 W7812，W7815，W7915，桥堆 2W06，电阻器，电容器，数字表等。

实验原理

随着半导体工艺的发展，稳压电路也制成了集成器件。由于集成稳压器具有体积小、外接线路简单、使用方便、工作可靠和通用性强等优点，因此在各种电子设备中应用十分普遍，基本上取代了由分立元件构成的稳压电路。集成稳压器的种类很多，应根据设备对直流电源的要求来进行选择。对于大多数电子仪器、设备和电子电路来说，通常选用串联线性集成稳压器。而在这种类型的器件中，又以三端式稳压器应用最为广泛。

W78××，W79×× 系列三端式集成稳压器的输出电压是固定的，在使用中不能进行调整。W78×× 系列三端式稳压器输出正极性电压，常用的一般有 5 V，6 V，9 V，12 V，15 V，18 V，24 V 七个挡，加散热片时输出电流最大可达 1.5 A。同类型 78M 系列稳压器的输出电流为 0.5 A，78L 系列稳压器的输出电流为 0.1 A。若要求负极性输出电压，则可选用 W79×× 系列稳压器。

图 8.2.1 为 W78×× 系列的外形和接线图，它有三个引出端：

输入端(不稳定电压输入端)　　标以"1"

输出端(稳定电压输出端)　　　标以"3"

公共端　　　　　　　　　　　标以"2"

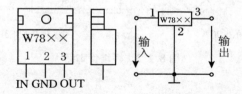

图 8.2.1　W78×× 系列外形及接线图

除固定输出三端稳压器外,还有可调式三端稳压器,后者可通过外接元件对输出电压进行调整,以适应不同的需要。

本实验所用集成稳压器为三端固定正稳压器 W7812,它的主要参数有:输出直流电压 $U_o = +12$ V,输出电流 L 为 0.1 A,M 为 0.5 A,电压调整率为 10 mV/V,输出电阻 $R_o = 0.15\ \Omega$,输入电压 U_i 的范围为 15~17 V。因为调整管一般在线性放大区,所以 U_i 要比 U_o 大 3~5 V,才能保证集成稳压器正常工作。

图 8.2.2 是用三端式稳压器 W7812 构成的单电源电压输出串联型稳压电源的实验电路图。其中整流部分采用了由 4 个二极管组成的桥式整流器成品(又称桥堆),型号为 2W06(或 KBP306),内部接线和外部管脚引线如图 8.2.3 所示。滤波电容 C_1,C_2 一般选取几百至几千微法。当稳压器距离整流滤波电路比较远时,在输入端必须接入电容器 C_3(数值为 0.33 μF),以抵消线路的电感效应,防止产生自激振荡。输出端电容 C_4(0.1 μF)用以滤除输出端的高频信号,改善电路的暂态响应。

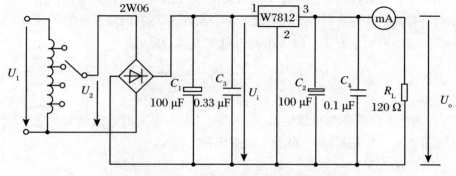

图 8.2.2　由 W7812 构成的串联型稳压电源

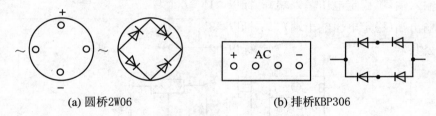

(a) 圆桥2W06　　　　　　　(b) 排桥KBP306

图 8.2.3　桥堆管脚图

图 8.2.4 为正、负双电压输出电路。例如,需要 $U_{o1} = +15\ V$, $U_{o2} = -15\ V$,则可选用 W7815 和 W7915 三端稳压器,这时的 U_i 应为单电压输出时的两倍。

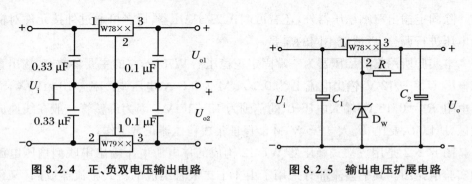

图 8.2.4　正、负双电压输出电路　　　　**图 8.2.5　输出电压扩展电路**

当集成稳压器本身的输出电压或输出电流不能满足要求时,可通过外接电路来进行性能扩展。图 8.2.5 是一种简单的输出电压扩展电路。如 W7812 稳压器的 3,2 端间输出电压为 12 V,因此只要适当选择 R 的值,使稳压管 D_w 工作在稳压区,则输出电压 $U_o = 12 + U_Z$,可以高于稳压器本身的输出电压。

图 8.2.6 是通过外接晶体管 T 及电阻 R_1 来进行电流扩展的电路。电阻 R_1 的阻值由外接晶体管的发射结导通电压 U_{BE}、三端式稳压器的输入电流 I_i(近似等于三端稳压器的输出电流 I_{o1})和 T 的基极电流 I_B 来决定,即

$$R_1 = \frac{U_{BE}}{I_R} = \frac{U_{BE}}{I_i - I_B} = \frac{U_{BE}}{I_{o1} - \dfrac{I_C}{\beta}} \tag{8.2.1}$$

式中,I_C 为晶体管 T 的集电极电流,$I_C = I_o - I_{o1}$;β 为 T 的电流放大系数;对于锗管 U_{BE} 可按 0.3 V 估算,对于硅管 U_{BE} 按 0.7 V 估算。

图 8.2.7 为 W79×× 系列(输出负电压)的外形及接线图。

图 8.2.8 为可调输出正三端稳压器 W317 的外形及接线图。

① 输出电压为

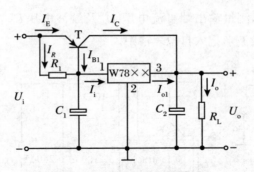

图 8.2.6　输出电流扩展电路

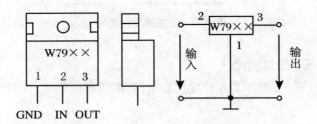

图 8.2.7　W79×× 系列的外形及接线图

$$U_{\text{o}} \approx 1.25\left(1 + \frac{R_2}{R_1}\right) \tag{8.2.2}$$

② 最大输入电压为 $U_{\text{im}} = 40\ \text{V}$。

③ 输出电压范围为 $U_{\text{o}} = 1.2\sim37\ \text{V}$。

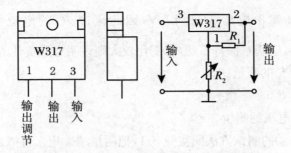

图 8.2.8　W317 的外形及接线图

实验内容

1. 整流滤波电路的测试

按图 8.2.9 连接实验电路,取可调工频电源 15 V 电压作为整流电路输入电压

U_2。接通工频电源,测量输出端直流电压 U_L 及纹波电压 $\tilde{U}_L$,用示波器观察 U_2,
U_L 的波形,把数据及波形记入自拟表格中。

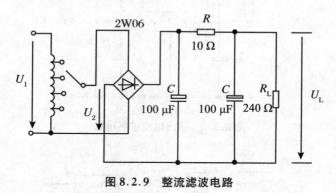

图 8.2.9　整流滤波电路

2. 集成稳压器性能测试

断开工频电源,按图 8.2.2 改接实验电路,取负载电阻 $R_L = 120\ \Omega$。

(1) 初测

接通工频 15 V 电源,测量 U_2 的值;测量滤波电路输出电压 U_i(稳压器输入电压),集成稳压器输出电压 U_o,它们的数值应与理论值大致符合,否则说明电路出了故障。设法查找故障并加以排除。电路经初测进入正常工作状态后,才能进行各项指标的测试。

(2) 各项性能指标测试

① 输出电压 U_o 和最大输出电流 I_{omax} 的测量。在输出端接负载电阻 $R_L = 120\ \Omega$,由于 7812 输出电压 $U_o = 12$ V,因此流过 R_L 的电流 $I_{omax} = \dfrac{12\ V}{120\ \Omega} = 100$ mA。这时 U_o 应基本保持不变,若变化较大则说明集成块性能不良。

② 稳压系数 S 的测量。

③ 输出电阻 R_o 的测量。

④ 输出纹波电压的测量。

其中,②、③、④的测试方法同实验 8.1,把测量结果记入自拟表格中。

(3) 集成稳压器性能扩展

根据实验器材,选取图 8.2.4、图 8.2.5 或图 8.2.8 中各元器件,并自拟测试方法与表格,记录实验结果。

实验总结

(1) 整理实验数据,计算 S 和 R_o,并与手册上的典型值进行比较。

（2）分析讨论实验中发生的现象和问题。

（3）如果由同一个降压变压器的多个绕组产生多路稳压电源，它们之间是否一定需要共地？

思考题

（1）W78××,W79××系列三端式集成稳压器如何获取更低的稳定电压？

（2）如何扩大 W78××,W79×× 系列三端式集成稳压器的输出电流？

（3）在测量稳压系数 S、内阻 R_0 时,应怎样选择测试仪表？

（4）如何将单稳压电源改成正负对称的双路电源？

（5）如何给 W78××,W79×× 系列三端式集成稳压器增加过流保护？

课 程 设 计

模拟电子技术课程设计是电子、电气及相关专业电子技术课程教学中的一个重要组成部分。通过课程设计的训练,可以全面调动学生的主观能动性,使学生将所学的"模拟电子技术""模拟电子技术实验"等课程的基本原理和基本分析方法融会贯通,进一步把书本知识与工程实际结合起来,实现知识向技能的转化,较快地适应社会需求。

课程设计的基本方法和步骤

通常,电路设计的最终任务是制造出整机。电子技术课程设计的任务可以分成两种:一种是纯理论设计,即仅要求设计出电路图纸和写出设计报告;另一种是不仅要求设计出电路图纸和写出设计报告,还要求做出整机产品。一般说来,设计者在接受某项设计任务后,其设计大致可分为六个步骤。

1. 方案分析

根据课题设计要求和技术指标,结合已掌握的基本理论,查阅文献资料,收集同类电路图作为参考,并分析同类电路的性能;然后考虑这些参考电路中哪些元器件可以改动或替换,哪些参数需要另外计算才能达到设计要求等,从总体上把握设计方案,给出系统总的功能框图,分解技术指标,对课题的可行性做出准确判断。

2. 方案论证

根据方案的总体要求,把系统框图划分成若干功能方块,每个功能方块里边可以是一个或几个基本单元电路,并将总体指标分配给每个单元电路,然后根据各单元电路所要完成的任务来决定电路的总体结构(每个单元电路的具体结构可以是多种多样的),分析并确定最终的单元电路。经过详细的方案比较和论证,以技术可行性、使用安全性、可靠性和较高的性能价格比为主要依据,选定最终的电路方案,即电路总图。

3. 方案实现

电路总图确定后,材料应尽量选用常见的中、大规模集成电路芯片或分立元件等电子器件,实现各功能单元的要求以及各功能单元之间的电平匹配。

① 熟悉常见集成电路和电子器件的分类、特点,合理选择所需的电子器件。

② 根据所选器件的技术参数和应完成的任务,估算外围电路的参数,合理处置集成电路未用的引脚。

4. 安装调试

安装与调试过程应按照先局部后整机的原则,根据信号的流向逐个单元进行;各功能单元都要达到各自技术指标的要求,然后把它们连接起来进行联机统调和系统测试。调试包括调整与测试两部分:调整主要是调节电路中可变元器件或更换、更改元器件,使之达到性能的改善;测试是采用仪器、仪表测量电路相关节点的数据或波形,以便准确判断设计电路的性能。

(1) 通电观察

通电前,应检查电路的总电阻,确认没有短路后,方可接通电源。电源接通后,先检查总电流是否在合适的范围内。再观察有无异常气味,元器件温度有无异常等。然后再测量各元器件引脚的电压及相关技术指标。

(2) 分块调试

分块调试是把电路按功能的不同划分成不同部分,把每个部分看作一个模块进行调试,在分块调试过程中逐渐扩大范围,最后实现整机调试。

分块调试的顺序一般按信号流向进行,这样可把前面调试过的输出信号作为后一级的输入信号,为最后联调创造有利条件。

分块调试包括静态调试和动态调试。静态调试是指在无外加信号的条件下测试电路各点的电位并加以调整,以达到设计值。静态调试的目的是保证电路在动态情况下正常工作,并达到设计指标。动态调试可以利用自身的信号,检查功能块的各种动态指标是否满足设计要求,包括信号幅值、波形形状、相位关系、频率、放大倍数等。

(3) 整机联调

在分块调试的过程中,因是逐步扩大调试范围的,实际上已完成某些局部电路间的联调工作。在联调前,先要做好各功能块之间接口电路的调试工作,再把全部电路连通,使用仪器、仪表确认各项参数是否能够达到各项技术指标。

5. 设计报告

完成安装调试,达到设计任务的各项技术指标后,一定要撰写课题设计报告,以便验收和评审。完整的课程设计报告包括以下主要内容:

① 设计任务与要求或技术指标。

② 方案选取与论证。

③ 电路设计及原理。

电路设计是课程设计的主要内容,一般包括方案比较、单元电路的设计和元器件的选择、完整的电路图和必要的波形图、工作原理、各元器件主要参数的计算。

④ 指标测试。

⑤ 参考文献。

⑥ 附录。

6. 课程设计评审

完成课程设计报告的撰写后,要认真填写课程设计评审表,评审表见附录 E。

课程设计报告要求

课程设计报告的文字部分应不少于 4 000 字(A4 页面 3 页以上),报告各部分具体格式按如下要求处理。

1. 封面

不带页眉、页码,直接套用参考格式(参考格式见附录 F　课程设计报告封面参考格式)。

2. 正文

带有页眉、页码,具体格式如下所示。

设计名称(小二号黑体字、居中)

1 设计任务与要求(四号黑体字、居左顶格)

×××××(五号宋体)

2 方案选取与论证(四号黑体字、居左顶格)

×××××(五号宋体)

2.1 ×××(小四号黑体字、居左顶格)

×××××(五号宋体)

2.1.1 ×××(五号黑体字、居左顶格)

×××××(五号宋体)

······

3 电路设计与原理(四号黑体字、居左顶格)

×××××(五号宋体)

3.1 ×××(小四号黑体字、居左顶格)

×××××(五号宋体)

3.1.1 ×××(五号黑体字、居左顶格)

××××××(五号宋体)

……

4 指标测试(四号黑体字、居左顶格)

××××××(五号宋体)——写出设计过程中的收获与体会。

5 参考文献(四号黑体字、居左顶格,无序号)

参考文献应以期刊为主,数量不少于 10 篇(格式参见本书参考文献)。

3. 有关说明

① 设计报告中汉字为宋体,英文字母及数字为 Times New Roman。

② 英文缩写第一次出现时要有英文解释,如下列文字处第一次出现的 MOS-FET:"绝缘栅型场效应晶体管(Metal-Oxide Semiconductor Field Effect Transistor)……"。

③ 公式按照(1),(2),(3)……标出序号,公式居中,序号右对齐。

④ 图形居中,要清晰标准,按照图 1,图 2,图 3……标出序号(同时带有图注),图序号及图注位于图下居中。

⑤ 表格采用三线表,居中,并按照表 1,表 2,表 3……标出序号(同时带有表注),表序号及表注位置在表上居中。

模拟电子技术在现代工农业生产、国防建设、科学研究以及社会生活等方面有极为广泛的应用。在自动化过程中,需要测量、控制和传输的信号,绝大部分都是模拟信号,要对模拟信号进行放大、传输和变换,就要采用模拟电子电路。在模拟电子技术课程中,我们学习了各种电子器件和各种单元电子电路的基本知识、基本原理,将这些知识应用到生产实践中去,首先遇到的就是放大电路的设计问题。进行模拟电子电路的设计,必须要有扎实的理论知识基础、正确的设计思想和工程实践的观点,耐心和科学的态度,只有反复计算、修改、调整才能取得较满意的设计成果。根据课程知识点的不同和制作的难易程度、复杂程度,给出以下 8 个项目的参考选题。

设计 1　直流稳压电源的设计与制作

设计目的

(1) 研究直流稳压电源的设计方案。

(2) 研究过流保护的设计方案。

(3) 掌握直流稳压电源的技术指标和测试方法。

技术指标

(1) 输入电压为交流 220 V ± 20%。

(2) 输出电压为 + 12 V 或 + 5 V,可选择。

(3) 输出保护电流为 $I_{omax} = 1.0$ A,拆除保护后可自动恢复。

(4) 纹波电压 $\Delta V_{oP\text{-}P} \leqslant 5$ mV,稳压系数 $Sr \leqslant 5\%$。

(5) 效率 $\geqslant 40\%$(输出电压 12 V、输入电压 220 V 下,满载)。

设计要求

(1) 设计一个能输出 + 12 V 或 + 5 V,1.0 A 具有过流保护的直流稳压电源。

(2) 拟定设计步骤和测试方案。

(3) 根据设计要求和技术指标设计好电路,选好元件及参数。

(4) 测量直流稳压电源的内阻,测量直流稳压电源的稳压系数、纹波电压等相关技术指标。

(5) 绘出原理图,画出印制板图,并制出实物。

(6) 撰写设计报告。

(7) 预留相关技术指标的测试端口。

设计提示

(1) 稳压电路应使用分立元件,应有取样、放大、比较和调整四个环节,晶体管宜选用 3DD 等大功率型号;禁止采用集成电路稳压器。

(2) 稳压系数的测量:在负载电流为最大时,分别测得输入交流比 220 V 增大和减小 20% 的输出 ΔV_o,并将其中最大一个代入公式计算 Sr,当负载不变时,$Sr = \dfrac{\Delta V_o V_i}{\Delta V_i V_o}$。

（3）内阻的测量：在交流输入为 220 V 时，分别测得负载电流为 0 A 及最大值 1.0 A 时的 ΔV_o，$r_0 = \Delta V_o / \Delta I_L$。

（4）纹波电压的测量：叠加在输出电压上的交流分量，一般为 mV 级。可将其放大后，用示波器观测其峰-峰值 $\Delta V_{oP\text{-}P}$；可用交流毫伏表测量其有效值 ΔV_o，由于纹波电压不是正弦波，所以用有效值衡量存在一定误差。

设计 2　正弦波信号发生器的设计与制作

设计目的

（1）熟悉函数信号发生器的工作原理和应用。

（2）熟悉运放产生正弦波、非正弦波的工作原理和应用。

（3）研究函数信号发生器的设计方案。

（4）掌握函数信号发生器的技术指标和测试方法。

技术指标

（1）频率范围：10 Hz～10 MHz。

（2）输出电压：$V_{P\text{-}P} \geqslant 2$ V。

（3）输出阻抗：50 Ω。

（4）波形特性：非线性失真 $\gamma \leqslant 5\%$。

（5）通频带均匀度 $\leqslant 10$ dB。

设计要求

（1）电路能输出正弦波等波形。

（2）输出信号的频率连续可调（可分段）。

（3）拟定测试方案和设计步骤。

（4）根据性能指标，计算元件参数，选择元器件。

（5）测量输出信号的幅度和频率等相关技术指标。

（6）自制信号发生器所需的稳压电源。

（7）绘出原理图，画出印制板图，并制出实物。

（8）撰写设计报告。

（9）预留相关技术指标的测试端口。

设计提示

（1）可先产生正弦波，然后通过整形电路将正弦波变成其他波形；也可先产生三角波，再将三角波变成正弦波。

（2）可用单片集成芯片实现，必须使用单电源供电，采用这种方案时要求幅度可调，$V_{\text{P-P}} \geqslant 10$ V。

设计 3　单声道音频功率放大器的设计与制作

设计目的

（1）研究 D 类放大器的设计方案。

（2）掌握音频功率放大器的技术指标和测试方法。

（3）掌握提高放大器效率的方法。

技术指标

（1）单声道不失真输出功率 $P_\text{o} \geqslant 2$ W。

（2）-3 dB 通频带 20 Hz～20 kHz，输出正弦信号无明显失真。

（3）输入阻抗 $\geqslant 50$ kΩ，输出阻抗为 8 Ω。

（4）输入电压 $\leqslant 30$ mV。

（5）失真度 $\leqslant 0.05$。

（6）噪声电压 $\leqslant 10$ mV。

（7）在输出功率 1 W 时测量的功率放大器效率（输出功率/放大器总功耗）$\geqslant 50\%$。

（8）具有输出短路保护功能。

设计要求

（1）利用 OTL、OCL、BTL 或 D 类功率放大器设计双通道放大器。

（2）具有音量和音调调节功能。

（3）具有输出短路保护功能。

（4）拟定测试方案和设计步骤。

（5）根据性能指标，计算元件参数，选择元器件。

（6）放大器所需的直流电源可以由稳压电源提供。

(7) 绘出原理图,画出印制板图,并制出实物。

(8) 撰写设计报告。

(9) 预留相关技术指标的测试端口。

设计提示

(1) 采用开关方式实现低频功率放大(即 D 类放大)是提高效率的主要途径之一,可以使用 D 类功率放大集成电路。

(2) 效率计算中的放大器总功耗是指功率放大器部分的总电流乘以供电电压(+12 V),制作时要注意便于效率测试。

(3) 在整个测试过程中,要求输出波形无明显失真。

设计 4 有源带通滤波器的设计与制作

设计目的

(1) 掌握由集成运放构成的有源滤波器的工作原理。

(2) 进一步掌握频率特性的测试方法。

(3) 学会绘制对数频率特性曲线。

技术指标

(1) 滤波器输入正弦信号电压振幅≤10 mV。

(2) 电压最高增益≥40 dB,增益可调。

(3) -3 dB 通频带为 100 Hz~40 kHz。

(4) 输出电压无明显失真。

设计要求

(1) 滤波器可设置为低通滤波器,其 -3 dB 截止频率 f_c 在 1~20 kHz 范围内可调,$2f_c$ 处放大器与滤波器的总电压增益不大于 30 dB,$R_L = 1$ kΩ。

(2) 滤波器可设置为高通滤波器,其 -3 dB 截止频率 f_c 在 1~20 kHz 范围内可调,$0.5f_c$ 处放大器与滤波器的总电压增益不大于 30 dB,$R_L = 1$ kΩ。

(3) 电压增益与截止频率的误差均不大于 10%。

(4) 拟定测试方案和设计步骤。

(5) 根据性能指标,计算元件参数,选择元器件。

（6）自制滤波器所需的直流电源。

（7）绘出原理图，画出印制板图，并制出实物。

（8）撰写设计报告。

（9）预留相关技术指标的测试端口。

设计提示

（1）滤波电路和运放结合设计出二阶有源低通滤波器，其中同相比例放大电路的增益就是通带电压的增益，同样方法可得二阶高通滤波器，实现低高通的滤波。

（2）可以采用在正相输入端输入信号，反相输入端连接反馈电路的方法。为了控制放大电路的增益可调，反馈电阻可由一系列满足计算参数要求的电阻并联，并且可以选通。整个硬件电路原理简单，但是结构复杂。

（3）也可以运用可编程的 MAX261 等通用滤波器对信号进行放大调整，通过改变选通电阻改变放大器的增益。

（4）在整个测试过程中，要求输出波形无明显失真。

设计 5　单级调幅无线接收机的设计与制作

设计目的

（1）了解无线电收音机的一般组成原理、结构及特点。

（2）熟悉幅度调制与解调的工作原理。

（3）掌握无线接收机的技术指标和测试方法。

（4）研究提高灵敏度和选择性的方法。

技术指标

（1）频率覆盖范围：$525 \sim 1\,600$ kHz。

（2）中频频率：(465 ± 2) kHz。

（3）灵敏度 $\leqslant 2$ mV/m（26 dB S/N）。

（4）选择性 $\geqslant 20$ dB（± 8 kHz）。

（5）静态电流 $\leqslant 20$ mA（3 V 直流电源）。

（6）输出功率 $\geqslant 200$ mW（10% 失真度）。

（7）效率 $\geqslant 50\%$。

设计要求

(1) 手动调谐方式。

(2) 手动预置 2 个以上电台。

(3) 拟定测试所需仪器。

(4) 根据性能指标,更改元件参数,选择元器件。

(5) 测量相关技术指标。

(6) 绘出原理图,画出印制板图,并制出实物。

(7) 撰写设计报告。

(8) 预留相关技术指标的测试端口。

设计提示

(1) 可以使用成品散件组装。

(2) 效率计算中的放大器总功耗是指功率放大器部分的总电流乘以供电电压,制作时要注意便于效率测试。

(3) 在整个测试过程中,要求输出波形无明显失真。

设计 6　高增益宽带放大器的设计与制作

设计目的

(1) 研究宽带放大器的设计方案。

(2) 掌握高增益放大器的设计方法。

(3) 掌握提高放大器效率的方法和测试方法。

技术指标

(1) 带宽:DC~2 MHz。

(2) 最大不失真输出电压≥3.0 V,输出大信号幅度波动不超过 5%,噪声≤20 mV。

(3) 增益:0~60 dB 且线性可调,增益起伏误差≤3 dB。

(4) 具有自动增益控制(AGC)功能,AGC 范围≥20 dB,在 AGC 稳定范围内输出电压有效值应稳定在 4.5~5.5 V。

设计要求

(1) 放大器的低频及直流最大不失真信号幅度不低于 ±3 V。

(2) 放大器的电压增益可设置。

(3) 自制电路所需的稳压电源。

(4) 绘出原理图,画出印制板图,并制出实物。

(5) 撰写设计报告。

(6) 预留相关技术指标的测试端口。

设计提示

(1) 电路主要包括输入缓冲、增益控制电路、后级放大等单元。

(2) 可以采用分立元件,利用场效应管工作在可变电阻区的特点,输出信号取自电阻与场效应管的分压的原理。控制场效应管可以达到很高的频率和很低的噪声,但温度、电源等的漂移都会引起分压比的变化。

(3) 也可以直接选取可调增益的芯片实现,如 VCA822,AD603 等。由固定增益放大器输出,衰减量是由加在增益控制接口的参考电压决定的。此外 VCA822 能提供由直流到 130 MHz 以上的工作带宽,可得到 40 dB 以上的电压增益,通过后级放大器放大输出。这种方法的电路集成度高、控制方便、易于数字化处理。

(4) 由于宽带放大器普遍存在容易自激及输出噪声过大的缺点,制作时应采用多种形式的屏蔽措施减少包括电源在内的干扰,抑制噪声,以改善系统性能。

(5) 在整个测试过程中,输出波形应无明显的失真。

设计 7　单相正弦波变频电源的设计与制作

设计目的

(1) 熟悉利用运放产生正弦波的工作原理和应用。

(2) 熟悉变频电路的工作原理和应用。

(3) 掌握功率放大电路的设计方法。

(4) 掌握功率放大电路的技术指标和测试方法。

技术指标

(1) 输出频率范围为 100 Hz～100 kHz。

（2）输出电压有效值为 15～36 V 且可调的单相正弦交流电,用示波器观察无明显失真。

（3）当输入电压为 198～242 V,负载电流有效值为 0.5～1 A 时,输出电压有效值应保持在 15 V,误差的绝对值小于 5%。

（4）具有过流保护(输出电流有效值达 1.5 A 时的动作),保护时自动切断输入交流电源。

设计要求

（1）电路能输出正弦波等波形。

（2）输出信号的频率连续可调(可分段)。

（3）拟定测试方案和设计步骤。

（4）根据性能指标,计算元件参数,选择元器件。

（5）测量输出信号的频率和交流电流、电压等相关技术指标。

（6）绘出原理图,画出印制板图,并制出实物。

（7）撰写设计报告。

（8）预留相关技术指标的测试端口。

设计提示

（1）可先使用产生 SPWM(正弦波脉宽调制)波形的专用芯片产生正弦波,然后通过整形电路将正弦波变成其他波形;也可先产生三角波,再将三角波变成正弦波。

（2）应在隔离变压器前使用自耦变压器调整输入电压;用滑动变阻器或电阻箱模拟负载。

设计 8　DC-DC 稳压电源的设计与制作

设计目的

（1）熟悉将直流电通过 PWM 来控制输出电压的大小的工作原理。

（2）熟悉升降压电路的工作原理和应用。

（3）熟悉软开关的工作原理和应用。

（4）熟悉电子负载的工作原理和应用。

技术指标

在输入直流电压变化范围为 $+7\sim +12$ V 的条件下：

（1）输出电压：$+5\sim +15$ V/DC，连续可调，误差的绝对值小于 1%。

（2）最大输出电流：1 A。

（3）满载电压调整率小于 1%。

（4）负载调整率小于 1%（输入电压为 $+9$ V，负载电流变化范围为 $0.1\sim 1$ A）。

（5）满载纹波电压（峰-峰值）小于输出电压的 0.5%。

（6）满载电路效率大于 80%。

（7）设计并制作一个电子负载，用于测试上述电源的负载调整率，电子负载恒定电流可设定的范围为 $0.1\sim 1.2$ A。

设计要求

（1）电路效率主要取决于开关管的开关时间和 LC 储能电路的时间常数等。

（2）电压调整率＝（电源空载电压－额定负载和功率因数时的输出电压）/空载电压，通常用百分数表示。

（3）负载调整率＝（额定负载时输出电压－半载时输出电压）/额定负载时输出电压，通常也用百分数表示。

（4）根据性能指标，计算元件参数，选择元器件。

（5）绘出原理图，画出印制板图，并制出实物。

（6）撰写设计报告。

（7）预留相关技术指标的测试端口。

设计提示

（1）可使用产生 PWM 波形的专用芯片，控制开关管进行储能。

（2）升降压电路可分开设计。

（3）功率管应加装散热片。

虚拟实验系统

　　虚拟实验系统是模拟真实实验中用到的器材和设备,提供与真实实验相似的实验环境的网上实验管理系统,适用于远程实验教学。

　　学生用户在校园网进入指定网站后,输入用户名和密码,点击【登录】进入虚拟实验系统界面,点击【做虚拟实验】,进入【实验列表】,选择已经安排的实验序号,点击【开始实验】,进入实验界面进行相关实验操作。

整体界面

　　实验操作平台界面包括实验平台区、器材栏和属性栏三部分,如图 1 所示。

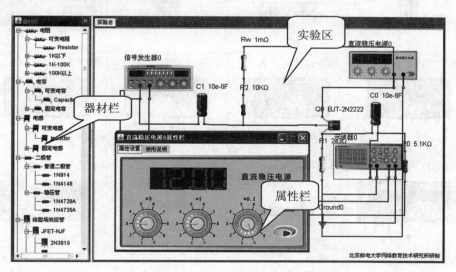

图 1　整体界面

　　实验区:在此区域中,搭建实验电路,进行实验操作,对仪器、仪表进行读数等。

　　器材栏:提供当前实验所要使用的器材。使用器材的图标和相应描述文字进行显示和说明。

　　属性栏:提供用户在实验区中所选择的器材的属性和对复杂器材的操作说明。

实验操作

1. 器材栏概述

实验平台提供了 15 大类 111 种实验器材模型。器材实物栏由各类器材实物符号显示,呈树状。点击器材树的结点处,可以打开或收起各类器材列表。器材名称及型号如图 2 所示。

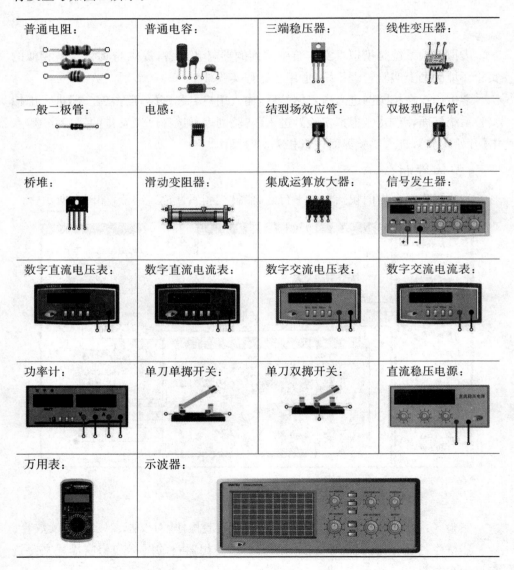

普通电阻:	普通电容:	三端稳压器:	线性变压器:
一般二极管:	电感:	结型场效应管:	双极型晶体管:
桥堆:	滑动变阻器:	集成运算放大器:	信号发生器:
数字直流电压表:	数字直流电流表:	数字交流电压表:	数字交流电流表:
功率计:	单刀单掷开关:	单刀双掷开关:	直流稳压电源:
万用表:	示波器:		

图 2　器材栏小图标含义

元器件类:常用电阻和可自定义阻值的电阻、滑动变阻器、常用电容和可自定义电容值的电容、常用电感和可自定义电感值的电感、一般二极管、稳压管、JFET-NJF场效应管和JFET-PJF场效应管、BJT-PNP晶体管和BJT-NPN晶体管。

仪器仪表:数字直流电流表、数字直流电压表、数字交流电流表、数字交流电压表、万用表、信号发生器、示波器、直流稳压电源、功率计。

集成运算放大器:μA741,OP37AJ。

三端稳压器:LM7805CT等三端稳压器。

线性变压器:TS_PQ4_10变压器。

桥堆:1B4B42桥堆。

开关:单刀单掷开关、单刀双掷开关。

2. 器材栏操作

在实验平台内任意位置单击鼠标右键,弹出如图3的窗口,点击【显示器材栏】,弹出器材实物栏及器材属性窗口,如图4所示,从器材实物栏中可以选择实验所需要的器材。

当器材栏窗口处于显示状态下,在实验平台任意位置单击鼠标右键,弹出如图5的关闭器材栏窗口。点击【关闭器材栏】,器材实物栏及属性将被隐藏。

图3 显示器材栏窗口

图4 器材栏

图5 关闭器材栏窗口

3. 实验台

实验台是进行实验操作的区域,在此区域内按照电路原理图搭建电路,连接仪器进行虚拟实验操作。

(1)器材操作

选择器材栏的某个器材并单击鼠标左键,然后将光标移动到实验平台的合适位置(这期间可以放开鼠标左键),再单击左键,所选器材实物将被添加到实验平台

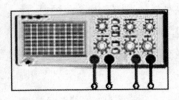

图 6　添加器材

上。这时,系统会自动在该器材实物的四周加上红框,如图 6 所示,表示该器材的有效操作区域,现在的所有操作都是针对它进行的。

实验器材添加到实验平台上后,可以自由移动器材的位置。选中器材后,单击左键并拖动,器材随光标在实验平台内任意移动,放开左键,器材在新位置上显示出来。

选择实验平台的器材,单击右键会出现如图 7 所示的菜单。单击【删除器材】,出现如图 8 所示的对话框,点击【确定】按钮即可完成删除该器材的操作。

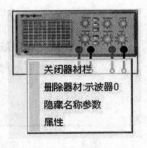

图 7　右键菜单

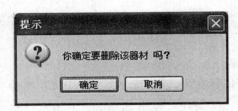

图 8　删除器材

将鼠标移到实验平台的空白处,点击右键,出现如图 9 所示的菜单,点击【删除全部器材】,出现如图 10 所示的对话框,点击【确定】按钮,可将平台上的全部器材删除。

图 9　删除所有器材

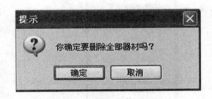

图 10　删除全部器材

(2) 器材连线

实验区的器材均有接线处。器材节点(接线处)用黑色圆环表示。移动光标在某一节点附近变成小手形状时,单击左键,可以从此点拖出蓝色导线,导线随光标位置移动。当光标靠近另一个黑色圆环时,在圆环处单击左键,完成连线,导线固定。单击某一导线,导线变粗,右键单击导线,弹出菜单,可以选择删除该导线。

导线没有属性栏。导线为直线,且只能为竖直或水平方向,两条导线可交叉,互不影响,两条导线除节点可相同外,不能出现重合部分,导线可拐弯,拖出待连导线后,在任意空白处单击左键,可作为固定的拐点。点击右键表示放弃连线,同一节点可同时连接多根导线。

(3) 器材属性栏

每一器材的属性栏均由"属性设置"和"使用说明"两页组成。单击按钮处可以显示相应的内容。

利用"属性设置"页可实现对数字直流电流表、数字直流电压表、万用表、信号发生器、示波器五种器材的实际按钮、按键等的操作,对电阻、电容、电感等器材进行参数和名称设置。

"使用说明"页用文字介绍该器材的使用方法和注意事项。

器材栏中的全部器材都有对应的属性栏,导线没有属性栏。通过在器材上点击右键选择"属性",可以显示属性栏,所有器材的属性栏可以同时显示。

将光标移动到属性栏的最上方横条框处,左键单击后拖动,放开左键,属性栏移动到当前虚线框停留的位置。点击属性栏的"确定"或者关闭按钮就可关闭属性栏。

在属性栏中的属性设置页面中,可以对当前器材的属性进行设置。在属性栏中,选择"使用说明",在这里可以对当前器材的功能进行解释说明。

4. 各种器材具体属性与修改

(1) 普通电阻

可进行相应的属性设置以及查看使用说明。通过"参数设置"页可对电阻的"器材名称"及"电阻值"两个可变参数进行设置,如图 11 所示。

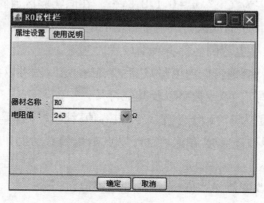

图 11　电阻属性栏

【名称】默认名字为"Rn"，$n = 0,1,2,3,\cdots$。在向实验区放置一个新的电阻时，系统默认它的名称中 n 的取值为当前平台上的电阻个数减1。如平台上已有3个电阻，新放置的第4个电阻的名称将自动设置为"R3"。

直接在"器材名称"编辑框内填写，然后点击"确定"，就可以给电阻改名。可输入中文、英文（大小写均可）或数字以及其他符号。

【电阻值】默认值为 2 000 Ω。也可直接在"电阻值"编辑框内填写新的电阻值，然后点击"确定"，就可以改变该电阻的阻值。也可以点击编辑栏旁边的下拉箭头，选择电阻值。

固定电阻只能改变器材名称，不能改变电阻值。

（2）电容

可进行相应的属性设置以及查看使用说明。通过"参数设置"页可对电容的"器材名称"及"电容值"两个可变参数进行设置，如图 12 所示。

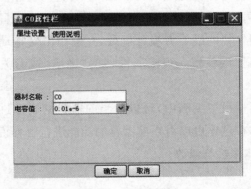

图 12　电容属性栏

【名称】默认名字为"Cn"，$n = 0,1,2,3,\cdots$。在向实验区放置一个新的电容时，系统默认它的名称中 n 的取值为当前平台上的电容个数减1。如平台上已有3个电容，新放置的第4个电容的名称将自动设置为"C3"。

直接在"器材名称"编辑框内填写，然后点击"确定"，就可以给电容改名。可输入中文、英文（大小写均可）或数字以及其他符号。

【电容值】默认值为 0.01 μF。直接在"电容值"编辑框内填写新的电容值，然后点击"确定"，就可以改变该电容值。也可以点击编辑栏旁边的下拉箭头，选择电容值。

固定电容只能改变器材名称，不能改变电容值。

（3）电感

可进行相应的属性设置以及查看使用说明。通过"参数设置"页可对电感的

"器材名称"及"电感值"两个可变参数进行设置,如图 13 所示。

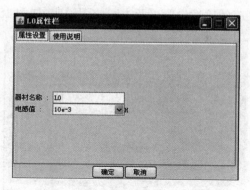

图 13   电感属性栏

【名称】默认名字为"Ln",$n=0,1,2,3,\cdots$。在向实验区放置一个新的电感时,系统默认它的名称中 n 的取值为当前平台上的电感个数减 1。如平台上已有 3 个电感,新放置的第 4 个电感的名称将自动设置为"L3"。直接在"器材名称"编辑框内填写,然后点击"确定",就可以给电感改名。可输入中文、英文(大小写均可)或数字以及其他符号。

【电感值】默认电感值为 10 mH。直接在"电感值"编辑框内填写新的电感值,然后点击"确定",就可以改变该电感值。也可以点击编辑栏旁边的下拉箭头,选择电感值。

固定电感只能改变器材名称,不能改变电感值。

(4) 直流稳压电源

面板上可进行相应的属性设置以及查看使用说明,如图 14 所示。

直流稳压电源输出电压为 $-36.9\sim+36.9$ V,LED 显示屏可显示电压调节值。当正负电压输出按钮弹起时,输出的是正电压,按下时则输出负电压。

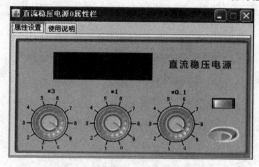

图 14   直流稳压电源面板属性

（5）数字直流电压表

面板上可进行相应的属性设置以及查看使用说明，如图 15 所示。

图 15　数字直流电压表面板属性

（6）数字直流电流表

面板上可进行相应的属性设置以及查看使用说明，如图 16 所示。

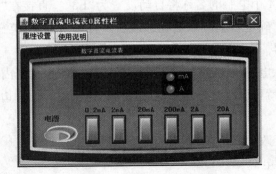

图 16　数字直流电流表面板属性

（7）数字交流电压表

面板上可进行相应的属性设置以及查看使用说明，如图 17 所示。

图 17　数字交流电压表面板属性

（8）数字交流电流表

面板上可进行相应的属性设置以及查看使用说明，如图 18 所示。

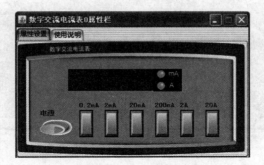

图 18　数字交流电流表面板属性

（9）万用表

面板上可进行相应的属性设置以及查看使用说明，如图 19 所示。万用表具有 5 种量程的直流电压挡，5 种量程的交流电压挡，4 种量程的直流电流挡，4 种量程的交流电流挡，7 种倍率的电阻挡，5 种量程的电容挡。

图 19　万用表面板属性

（10）信号发生器

面板上可进行相应的属性设置以及查看使用说明，如图 20 所示。

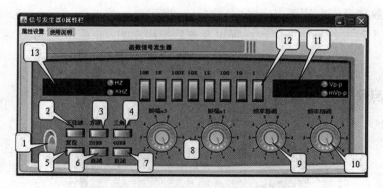

图 20　信号发生器操作面板属性

1—电源开关按键　2—正弦波选择按键　3—方波选择按键　4—三角波选择按键　5—复
位按键　6—振幅小衰减按键　7—振幅大衰减按键　8—振幅调节旋钮　9—频率粗调旋钮
10—频率微调旋钮　11—振幅数值显示屏　12—频段选择按键　13—频率数值显示屏

（11）示波器

面板上可进行相应的属性设置以及查看使用说明，如图 21 所示。

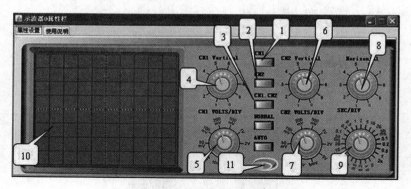

图 21　示波器操作面板属性

1—输出通道 1 的波形显示开关　2—输出通道 2 的波形显示开关　3—同时输出通道 1 和通道 2 的波形显示开关
4—通道 1 纵轴位置调节旋钮　5—通道 1 纵轴增益调节旋钮，刻度值可在面板图上直接读出　6—通道 2 纵轴位
置调节旋钮　7—通道 2 纵轴增益调节旋钮，刻度值可在面板图上直接读出　8—横轴位置调节旋钮　9—横轴增
益调节旋钮，刻度值可在面板图上直接读出　10—波形显示屏　11—电源开关按键

演示实验的操作

在虚拟实验的实验台内，按照虚拟实验原理图搭接好电路后，先检查各节点的
连接是否正常有效（鼠标左击某个元件，在实验台上移动后，连接点应该保持不断
线），再将所需要的仪器、仪表接入到相应的节点处，最后将原理图的零电位"⊥"置
换成器材栏内节点符号"⏚"即可进行虚拟实验了。

下面介绍"共发射极放大器虚拟实验示例"。

实验目的

（1）熟悉虚拟实验的运行环境，熟悉虚拟实验中双踪示波器和信号发生器的设置和使用方法，学习电压表的使用方法。

（2）熟悉放大电路的基本测量方法，了解使放大电路不失真地放大信号应注意的问题。

（3）加深理解共发射极放大电路的工作原理和性能、特点。

实验内容与方法

1. 系统登录

用户在校园网登录 http://210.45.32.150:8000 浏览开放式虚拟实验教学管理系统时，系统首页页面左上方提供登录功能，供用户登录系统。学生用户名默认设置为学号，教师用户名默认设置为教师工号，如图 22 所示。初次登录时需安装 java 插件，若出现"应用程序被安全设置阻止"等错误信息，可将 java 安全级别降低，并添加上述网址为例外站点即可。

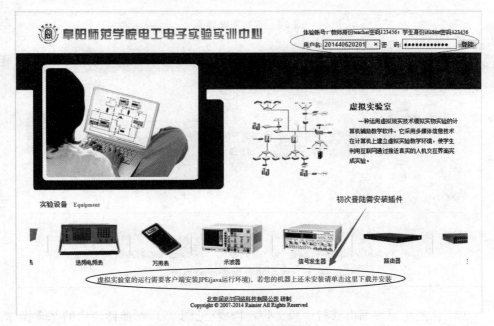

图 22　系统登录界面

2. 学生选课及实验

（1）学生用户进入系统可见一幅向导图，如图 23 所示，点击向导图中"做虚拟实验"按钮,跳转到"虚拟实验\实验列表"页面,如图 24 所示。

(2)用户点击如图 22 所示"继续实验"或"开始实验"按钮进入相应虚拟实验平台的操作界面,用户依据相应的电路原理图连接电路并完成实验,实验报告可采用粘贴、复制等方式完成,如图 25 所示。

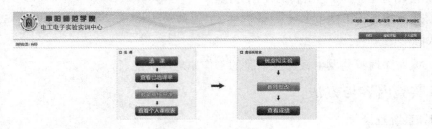

图 23　向导界面

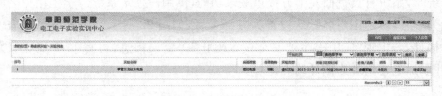

图 24　实验列表界面

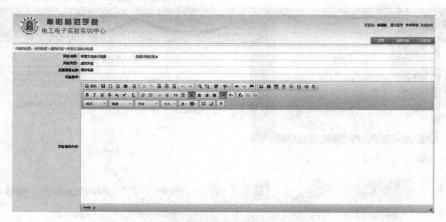

图 25　虚拟实验报告平台界面

(3)搭建电路界面由器材栏和实验台构成(见图 26),对器件模块的基本操作主要包括对它们进行提取、移动、删除、旋转等。

提取:用户在器材栏中用鼠标单击选中需要的器件,选中的器件名会变色,然后按住鼠标左键将器件图标拖曳到实验台上,最后松开鼠标即可。

移动:为了使绘制的电路比较美观,需要将各调用的器件模块放到合适的位置

图26 实验台界面

上,直接拖曳移动即可。

删除、旋转、属性:在实验台上选中器件,单击鼠标右键,即可进行相应的操作。

(4) 根据共射放大电路实验原理图,在实验台上搭建仿真电路。

电阻栏中固定阻值的电阻为色环电阻,可变阻值的电阻为黄色,其阻值可以通过鼠标左击选中,右击属性,修改其属性中的电阻值,也可通过器材栏中的"其他"选择电位器,其阻值可以通过鼠标左击选中,右击属性,修改其属性中的电阻最大值,当鼠标箭头指向该电阻后,其下方出现滑动条,移动滑动条可以改变阻值。电容同电阻一样可以修改属性。器材栏中晶体管放置到实验台后,会显示相应的电极位置。

实验区的器材均有接线处。器材节点(接线处)用黑色圆环表示。移动光标在某一节点附近变成小手形状时,单击左键,可以从此点拖出蓝色导线,导线随光标位置移动。当光标靠近另一个黑色圆环时,在圆环处单击左键,对应节点处的器件出现红框,完成连线,导线即被固定。单击某一导线,导线变粗,右键单击导线,弹出菜单可以选择删除该导线。

导线没有属性栏。导线为直线,且只能为竖直或水平方向,两条导线可交叉,互不影响,两条导线除节点可相同外,不能出现重合部分,导线可拐弯,拖出待连导线后,在任意空白处单击左键,可作为固定的拐点。点击右键表示放弃连线,同一节点可同时连接多根导线。

如图27所示,先绘出静态电路图。同时给元器件标注、赋值,仔细检查,确保电路无误、可靠。

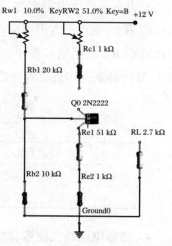

图27 共发射极放大器静态电路

检查各节点的连接是否正常有效(鼠标左击某个元件,在实验台上移动后,连接点应该保持不断线)。再从器材栏中选择放置万用表和直流稳压电源,就可以测量电路的静态工作点了,如图 28 所示。

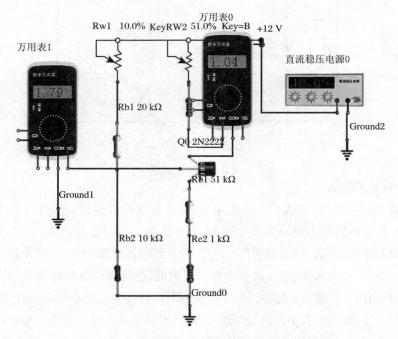

图 28　共发射极放大器静态工作点测量电路

3.测量静态工作点

　　双击直流稳压电源图标,设置直流电压为 + 12 V(见图 28),调节 R_{w1}(鼠标箭头指向 R_{w1},在其下方出现滑动条,可以使用热键,即键盘"A"字母或"Shift + A"增大或减小 R_{w1} 的阻值),使 $I_C = 1.0$ mA,用万用表分别测量 U_B,U_C,U_E 的值,填入表 1,分析静态工作点是否合适,并与理论值进行比较。

表 1　测量共射放大电路的静态工作点

$$(I_{CQ} = \quad mA)$$

测试数据			计算值		
$U_{BQ}(V)$	$U_{CQ}(V)$	$U_{EQ}(V)$	$U_{BEQ}(V)$	$U_{CEQ}(V)$	$I_{CQ}(mA)$

4.测量电压放大倍数、输入电阻和输出电阻

撤除万用表,重新连接电路,放置所需仪器。双击信号发生器图标,设置函数

发生器(频率为 1 kHz,幅度为 100 mV$_{pp}$,波形选择正弦波),如图 29 所示。同时用示波器观察放大器输出电压 U_o 的波形,在波形不失真的条件下用交流电压表测量下述三种情况下 U_o 的值,如图 30 所示。并用双踪示波器观察 U_o 和 U_i 的相位关系(见图 31)并填入表 2,计算电压放大倍数、输入电阻和输出电阻。动态测量电路如图 32 所示。

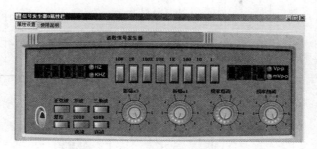

图 29　函数信号发生器设置

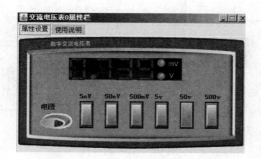

图 30　交流电压表设置与读数

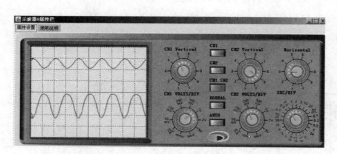

图 31　示波器设置与读数

表 2　测量共发射极放大电路的电压放大倍数、输入电阻、输出电阻

测试条件			测试数据		电压放大倍数		输入电阻(kΩ)		输出电阻(kΩ)	
f	U_{sm}	R_L	U_i(mV)	U_o(mV)	计算公式	计算值	计算公式	计算值	计算公式	计算值
1 kHz	50 mV	∞								
		2.7 kΩ								

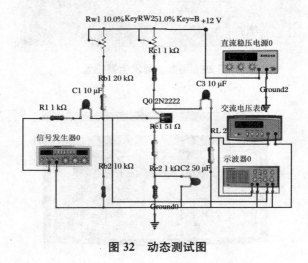

图 32　动态测试图

5. 观察静态工作点对电压放大倍数的影响

设置 $R_c = 2.7$ kΩ, $R_L = \infty$, U_i 适量, 调节 R_{w1}, 用示波器观察输出电压的波形, 在 U_o 不失真的前提下, 测量出 I_C 和 U_o 的值, 记入表 3。

表 3

$(R_c = 2.7$ kΩ, $R_L = \infty$, $U_i = \quad$ mV$)$

I_C(mA)			1.0		
U_o(V)					
A_V					

6. 观察静态工作点对电路工作的影响

(1) 减小电位器 R_{w1}, 观察输出波形的变化。定性记录 R_{w1} 为 7% 时的输出波形, 并根据电压表 U_C 的读数计算此时的 I_{CQ}。

（2）增大电位器 R_{w1}，观察输出波形的变化。定性记录 R_{w1} 为 100% 时的输出波形，并根据电压表 U_C 的读数计算此时的 I_{CQ}，并记入表 4。

表 4

$(R_c = 2.7\ \text{k}\Omega, R_L = \infty, U_i =\quad \text{mV})$

$I_C(\text{mA})$	$U_{CE}(\text{V})$	U_o	失真情况	管子工作状态
1.0				

7. 实验提交

用户完成实验后，记录相关数据，完成实验报告并点击"提交"按钮，如图 33 所示。

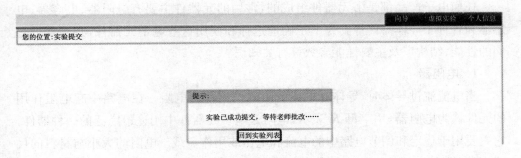

图 33　提交成功界面

实验报告

按照常规硬件实验要求完成虚拟实验的实验报告。

附　　录

附录 A　常用电子元器件

任何电子产品都是由元器件组成的,常用的元器件主要有电阻器、电容器、电感器和各种半导体器件等。为了正确地选择和使用这些电子元器件,必须掌握它们的性能、结构以及主要性能参数等有关知识。

1. 电阻器

当电流流过导体时,导体对电流的阻碍作用称为电阻。在电路中起电阻作用的元件称为电阻器,用字母 R 表示,电阻是电子元器件中用途最广泛的一种器件,它主要用于稳定和调节电路中的电流和电压或用作负载。电阻的大小与材料的尺寸、温度等有关。电阻的基本单位是欧姆,用希腊字母"Ω"表示。

（1）电阻器分类

电阻器的种类有很多,通常分为三大类:固定电阻器、可调电阻器和特种电阻器。

在电子产品中,固定电阻应用最广泛,固定电阻一般称为电阻器。固定电阻根据制造材料可分为 RT 型碳膜电阻、RJ 型金属膜电阻和 RX 型线绕电阻以及片状电阻等。

可调电阻器一般称为电位器,是一种具有三个接头,阻值在一定范围内连续可调的电阻器。外侧两个引脚之间的电阻值固定,并将该电阻值称为电位器的阻值。中间引脚与任意两个引脚间的电阻值可以随着轴臂的旋转而改变。一般常用的电位器有线绕电位器、碳膜电位器和多圈电位器等。

常用特种电阻器有光敏电阻、热敏电阻、压敏电阻、气敏电阻、力敏电阻、磁敏电阻和湿敏电阻等几种。

① 光敏电阻

光敏电阻是一种电阻值随外界光照强弱变化而变化的元件，一般情况下，光越强电阻值越小，光越弱电阻值越大。有些光敏电阻器是利用半导体的光电导效应制成的，又称为光电导探测器，入射光强，电阻减小，入射光弱，电阻增大。还有一种入射光弱，电阻减小，入射光强，电阻增大。

② 热敏电阻

热敏电阻器是敏感元件的一类，不同的温度下表现出不同的电阻值。正温度系数热敏电阻器（PTC）在温度越高时电阻值越大，负温度系数热敏电阻器（NTC）在温度越高时电阻值越低，它们同属于半导体器件。利用这一特性可以作为温度补偿元件、温度测量元件和过热保护元件使用。

③ 压敏电阻

压敏电阻是一种特殊的非线性伏安特性的电阻器。当加在电阻器上的电压在其标称值内时，电阻器的阻值呈现无穷大状态；当加在电阻器上的电压大于其标称值时，电阻器的阻值迅速下降，使其处于导通状态；当加在电阻器上的电压减小到标称值以下时，其电阻值又开始增加。当过电压出现在压敏电阻的两极间时，压敏电阻可以将电压钳位到一个相对固定的电压值，利用这一特性，这种电阻常常被用于电路的过压保护、尖脉冲的吸收、消噪等电路保护中。

④ 气敏电阻

气敏电阻是一种半导体敏感器件，它是利用气体的吸附而使半导体本身的电导率发生变化这一机理来进行检测的，主要成分是金属氧化物。其主要品种有：金属氧化物气敏电阻、复合氧化物气敏电阻、陶瓷气敏电阻等。主要用于化工生产中气体成分的检测与控制，煤矿瓦斯浓度的检测与报警，环境污染情况的监测，煤气泄漏，火灾报警，燃烧情况的检测与控制等用途。

⑤ 力敏电阻

力敏电阻是一种能将机械力转换为电信号的特殊元件，它是利用半导体材料的压力电阻效应制成的，即电阻值随外加力大小而改变，被广泛用于各种动态压力的测量。它可制成各种力矩计、半导体话筒、压力传感器等。主要品种有硅力敏电阻器和硒碲合金力敏电阻器，相对而言，合金电阻器具有更高的灵敏度。

常用电阻器和电位器的外形和图形符号如图 A1 所示。

（2）电阻器性能参数

① 标称值标注方法

电阻器标称值常用的标注方法有三种：直标法、文字符号法和色环法。

a. 直标法。直标法是把主要参数用数字和单位符号直接印刷在元件表面上，

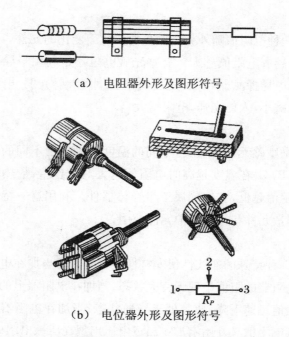

（a）　电阻器外形及图形符号

（b）　电位器外形及图形符号

图 A1　常用电阻器和电位器的外形及图形符号

其允许误差直接用百分数表示，若电阻上未注偏差，则均为 ±20%，主要用于较大功率电阻的标注。

　　b. 文字符号法。文字符号法是用文字符号和数字两者有规律地进行组合，来表示电阻器的标称阻值和允许误差，电阻单位符号的位置表示电阻器阻值有效数字中小数点的位置。例如，2R7 表示电阻值为 2.7 Ω，4K7 表示 4.7 kΩ等。对于 10 个基本单位以上的电阻器，有时用 3 个数字表示，前两位表示有效值，后一位表示倍率，如 223 表示电阻值为 22 kΩ。文字符号 D F G J K M 表示允许偏差 ±0.5%，±1%，±2%，±5%，±10%，±20%。

　　c. 色环法。小功率电阻很多用色环法标注，它也是国际上惯用的一种方法，特别适用于自动生产线上的元器件装配。"色环电阻"就是在电阻器上用不同颜色的环来表示电阻的规格。有的用四个色环表示，有的用五个。四环电阻一般是碳膜电阻，用三个色环表示阻值，用一个色环表示误差。五环电阻一般是金属膜电阻，为更好地表示精度，用四个色环表示电阻值，另一个色环也是表示误差。两种色环电阻的标注图如图 A2 所示。表 A1 是五色环电阻的颜色-数码对照表，表 A2 是 $E_6 \sim E_{48}$ 系列电阻的标称值与允许误差。

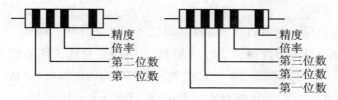

图 A2　两种色环电阻的标注图

表 A1　五色环电阻的颜色-数码对照表

颜　　色	第1,2,3道色环有效数字	第3色环倍率	允许误差(%)
黑色	0	10的0次方	
棕色	1	10的1次方	±1
红色	2	10的2次方	±2
橙色	3	10的3次方	
黄色	4	10的4次方	
绿色	5	10的5次方	±0.5
蓝色	6	10的6次方	±0.2
紫色	7	10的7次方	±0.1
灰色	8	10的8次方	
白色	9	10的9次方	
金色		10的−1次方	±5
银色		10的−2次方	±10
无色			±20

任何固定式电阻器的标称阻值都应符合表 A2 所列数值乘以 10^n，其中 n 为整数。

表 A2　电阻器标称值系列

容许误差(%)	系列代号	标　称　系　列										
±20	E$_6$		1.0	1.5	2.2	3.3	4.7	6.8				
±10	E$_{12}$	1.0	1.2	1.5	1.8	2.2	2.7	3.3	3.9	4.7	5.6	6.8	8.2
±5	E$_{24}$	1.0	1.1	1.2	1.3	1.5	1.6	1.8	2.0	2.2	2.4	2.7	3.0
		3.3	3.6	3.9	4.3	4.7	5.1	5.6	6.2	6.8	7.5	8.2	9.1
±2	E$_{48}$	1.00	1.05	1.10	1.15	1.21	1.27	1.33	1.40	1.47	1.54	
		1.62	1.69	1.78	1.87	1.96	2.05	2.15	2.26	2.37	2.49	
		2.61	2.74	2.87	3.01	3.16	3.32	3.48	3.65	3.83	4.02	
		4.22	4.42	4.64	4.87	5.11	5.36	5.62	5.90	6.19	6.49	
		6.81	7.15	7.50	7.87	8.25	8.66	9.09	9.53			

② 额定功率

额定功率是指在规定的环境温度和湿度下,假定周围空气不流通,在长期连续负载而不损坏或基本不改变性能的情况下,电阻器上允许消耗的最大功率。为保证安全使用,一般选其额定功率比它在电路中消耗的功率高 1～2 倍。额定功率分 19 个等级,常用的有 1/8W,1/4W,1/2W,1W,2W,……,10W 等。

③ 额定电压与最高工作电压

由公式 $\sqrt{PR}$ 计算出来的电压称为电阻器的额定电压。最高工作电压是指电阻器长期工作不发生过热或电击穿损坏时的电压。如果电压超过规定值,电阻器内部可能产生火花,引起噪声,甚至损坏。一般 1/8W 碳膜电阻的最高工作电压不能超过 150 V。

④ 稳定性

稳定性是衡量电阻器在外界条件(温度、湿度、电压、时间、负荷性质等)作用下电阻变化的程度,通常用温度系数、电压系数和噪声电动势来衡量。

(3) 电阻器的选用

根据电子设备的使用特点和场合,合理地选择电阻器的型号。对于一般的电子设备,可以使用普通的碳膜电阻;对于高品质的音响设备,应该选用金属膜电阻或线绕电阻;对于仪器仪表的调理电路,应该选用精密电阻器;而在高频电路中,应该选择无感电阻。为了提高设备的可靠性,电阻器的功率应该选择大于实际耗散功率的 2 倍以上。在装配电路板前,电阻器一般都需要进行老化处理,以提高其稳定性。

2. 电容器

两片相距很近的金属中间被某些物质(固体、气体或液体)所隔开,就构成了电容器。两片金属称为极板,中间的物质称为介质。电容器是一种储能元件,是电子电路中不可缺少的重要元件,简称电容,用字母 C 表示,基本单位为法拉(F),但常用的单位为微法(μF)、纳法(nF)、皮法(pF)等。

在电子电路中,电容起着通交流隔直流的作用,也用来存储和释放电荷以充当滤波器,平滑输出信号。因此,在不同的场合,电容器可作为耦合、旁路、滤波、隔直、储能、振荡和调谐等元件使用。小容量的电容通常在高频电路中使用,如收音机、发射机和振荡器;大容量的电容往往被用来滤波和存储电荷。

(1) 电容器分类

电容器的分类方法很多,按结构分类有固定电容器、半可调电容器和可调电容器。按介质材料分类有电解电容、云母电容、瓷介电容、玻璃釉电容、涤纶薄膜电容、金属化纸介电容和金属钽电容等。钽电容是一种体积小而又能达到较大电容量的产品,它的性能优异,外形多种多样,并制成适于表面贴装的小型和片型元件。

　　一般 1 μF 以上的电容均为电解电容,而 1 μF 以下的电容多为瓷片电容,或者是独石电容、涤纶薄膜电容和小容量的云母电容等。电解电容有个铝壳,里面充满电解质,并引出两个电极,作为正、负极。与其他电容器不同,它们在电路中的极性不能接反,而其他电容器则没有极性之分。图 A3 所示为几种固定电容器的电路图形符号和外形,图 A4 为半可调电容器外形及图形符号,图 A5 为单、双联可调电容器外形及图形符号。

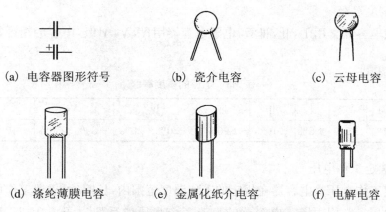

(a) 电容器图形符号　　　　(b) 瓷介电容　　　　(c) 云母电容

(d) 涤纶薄膜电容　　　(e) 金属化纸介电容　　　(f) 电解电容

图 A3　几种固定电容器的电路图形符号及外形

(a) 拉线和瓷介微调电容器外形　　　　(b) 半可变电容器外形及图形符号

图 A4　半可调电容器外形及图形符号

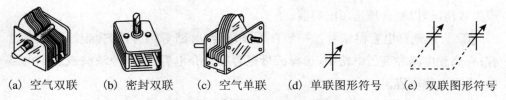

(a) 空气双联　　(b) 密封双联　　(c) 空气单联　　(d) 单联图形符号　　(e) 双联图形符号

图 A5　单、双联可调电容器外形及图形符号

（2）电容器性能指标

① 标称容量

标称容量是标注在电容器上的"名义"电容量。

a. 小于 10 000 pF 的电容，一般只标明数字而忽略单位。330 表示 330 pF。

b. 10 000～1 000 000 pF 之间的电容，用 μF 表示，它以小数标明。0.01 表示 0.01 μF，104 表示 10×10^4 pF＝0.1 μF，3n9 表示 3.9×10^{-9} F＝3 900 pF。

c. 电解电容以 μF 为单位标注。

② 精度等级

一般电容器常用 Ⅰ，Ⅱ，Ⅲ 级，电解电容器用 Ⅳ，Ⅴ，Ⅵ 级，电容的精度等级如表 A3 所示。

表 A3　电容的精度等级

级别	0.1	0.2	Ⅰ	Ⅱ	Ⅲ	Ⅳ	Ⅴ	Ⅵ
误差	±1%	±2%	±5%	±10%	±20%	−30%～20%	−30%～50%	−10%～100%

③ 额定工作电压

额定工作电压是电容器在规定的工作温度范围内，长期、可靠地工作所能承受的最高电压。常用固定式电容器的直流工作耐压值系列为：6.3 V，10 V，16 V，25 V，40 V，63 V，100 V，160 V，250 V，400 V 等。

④ 绝缘电阻

电容器的绝缘电阻决定于两极板间所用介质的质量和厚度，它表示电容器的漏电性能。绝缘电阻一般应在"MΩ"以上，优质电容器要达到"TΩ"以上。

⑤ 能量损耗

电容器在工作时消耗的能量，包括介质损耗和金属部分损耗。小功率电容器主要是介质损耗，损耗大的电容器不适于在高频电路中工作。

（3）电容器选用

用万用表的欧姆挡可以简单测量电解电容的优劣，粗略判别其漏电、容量衰减或失效情况，以便合理选用电容器。

① 合理选择电容器型号。一般在低频耦合、旁路等场合，选择金属化纸介电容；在高频电路和高压电路中，选择云母电容和瓷介电容；在电源滤波或退耦电路中，选择电解电容。

② 合理选择电容器精度等级，尽可能降低成本。

③ 合理选择电容器耐压值。加在一个电容器的两端的电压若超过它的额定电压，电容器就会被击穿损坏，一般电容器的工作电压应低于额定电压的 50%～70%。

④ 合理选择电容器温度范围,以保证电容器稳定工作。

⑤ 合理选择电容器容量。等效电感大的电容器(电解电容器)不适合用于耦合、旁路高频信号;等效电阻大的电容器不适合用于 Q 值要求高的振荡电路中。为了满足从低频到高频滤波旁路的要求,常常采用将一个大容量的电解电容和一个小容量的适合于高频的电容器并联使用。

3. 电感器

(1) 电感器分类

电感器在模拟电子电路设计中虽然使用的不是很多,但它们在电路中同样很重要。电感器和电容器一样,也是一种储能元件,它能把电能转变为磁场能,并在磁场中储存能量,用符号 L 表示,基本单位是亨利(H),常用毫亨(mH)、微亨(μH)为单位。它经常和电容器一起工作,构成 LC 滤波器、LC 振荡器等。扼流圈、变压器和继电器等也是电感器。电感器的特性与电容器的特性相反,它具有阻止交流电和通过直流电的特性。

根据电感器的电感量是否可调,分为固定、可调和微调电感器。根据结构可分为带磁心、铁心和磁心间有间隙的电感器等。电感器常用的电路图形符号如图 A6 所示。除此以外,还有一些小型电感器,如色码电感器、平面电感器和集成电感器等。

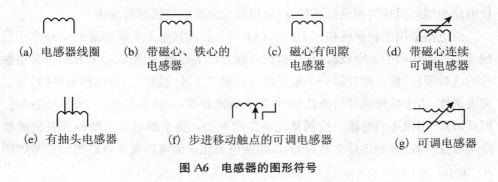

(a) 电感器线圈　　(b) 带磁心、铁心的　　(c) 磁心有间隙　　(d) 带磁心连续
　　　　　　　　　　　　电感器　　　　　　　　电感器　　　　　　　可调电感器

(e) 有抽头电感器　　(f) 步进移动触点的可调电感器　　　　(g) 可调电感器

图 A6　电感器的图形符号

(2) 电感器主要性能指标

① 电感量

电感量是指电感器通过变化电流时产生感应电动势的能量。其大小与磁导率 μ、线圈单位长度中的匝数 n 以及体积 V 有关。当线圈长度远大于直径时,电感量 L 为 $L = \mu n^2 V$。

② 品质因数 Q

品质因数 $Q = \dfrac{\omega L}{R}$,反映电感出释能量的程度。Q 值越大,传输能力越大,损耗越小，一般要求 $Q=50\sim300$。

③ 额定电流

主要对高频电感器和大功率电感器而言，通过电感器的电流超过额定值时，电感器将发热，严重时会烧坏。

（3）电感器的选用

① 电感器的工作频率要满足电路要求。

② 电感器的电感量和额定电流要满足电路要求。

③ 电感器的尺寸大小要符合电路板的要求。

④ 尽量选用分布电容小的电感器。

⑤ 对于不同性质的电路选择不同类型的电感器。

⑥ 对于有屏蔽罩的电感器，使用时应将屏蔽罩接地，达到隔离电场的作用。

（4）变压器和继电器

变压器是由铁心和绕在绝缘骨架上的铜线线圈构成的。绝缘铜线绕在塑料骨架上，每个骨架需绕制输入和输出两组线圈，线圈中间用绝缘纸隔离。绕好后将许多铁心薄片插在塑料骨架的中间，能使线圈的电感量显著增大。变压器利用电磁感应原理从它的一个绕组向另一个绕组传输电能量。变压器在电路中具有重要的功能：耦合交流信号而阻隔直流信号，并可以改变输入、输出的电压比；利用变压器使电路两端的阻抗得到良好匹配，以获得最大限度的传送信号功率。

继电器是用漆包铜线在一个圆铁心上绕上百圈甚至上千圈而成的一种电子机械开关。当线圈中有电流流过时，圆铁心就会产生磁场，把圆铁心上方的带有接触片的铁板吸住，使之断开第一个触点而接通第二个开关触点。当线圈断电时，铁心失去磁性，由于接触铜片的弹性作用，使铁板离开铁心，恢复与第一个触点的接通。因此，可以用很小的电流去控制其他电路的开关。整个继电器由塑料或有机玻璃防尘罩保护着，有的还是全密封的，以防触电氧化。继电器常用电路图形符号如图 A7 所示。

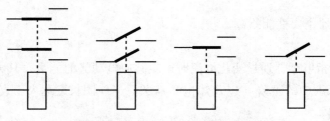

图 A7　继电器常用电路图形符号

4. 半导体分立器件

半导体二极管和晶体管是组成分立元件模拟电子电路的核心器件,二极管具有单向导电性,可用于整流、检波、稳压、混频电路中;晶体管对信号具有放大作用和开关作用。

（1）二极管

半导体二极管的分类方法很多,按材料可分为锗管和硅管两大类;按用途可分为普通二极管和特殊二极管。普通二极管包括整流二极管、检波二极管、稳压二极管和开关二极管等,特殊二极管包括变容二极管、发光二极管和隧道二极管等。隧道二极管、体效应二极管和变容二极管通常又称为放大用二极管。普通二极管电路图形符号如图 A8 所示,二极管根据国家标准半导体器件型号命名方法 GB 249—74 规定,由五部分组成,型号命名法如表 A4 所示。

图 A8　普通二极管的电路图形符号

表 A4　国产二极管型号命名法

第一部分		第二部分		第三部分		第四部分	第五部分
用数字表示器件的电极数		用字母表示器件的材料和极性		用字母表示器件的类型		用数字表示器件的序号	用字母表示规格、档次
序　号	意　义	符　号	意　义	符　号	意　义	意　义	意　义
2	二极管	A	N 型锗材料	P	普通管	反映极限参数、直流参数和交流参数等的差别	A,B,C,D 表示承受反向击穿电压的程度。其中 A 承受的反向击穿电压最低,B 次之……
		B	P 型锗材料	V	微波管		
		C	N 型硅材料	W	稳压管		
		D	P 型硅材料	C	参量管		

① 二极管主要性能参数

反映二极管性能的参数较多,且不同类型的二极管的主要参数种类也不一样,对于普通二极管,主要有以下参数。

a. 最大整流电流 I_F

在正常工作情况下,二极管允许通过的最大正向平均电流称为最大整流电流。使用时二极管的平均电流不能超过这个数值。

b. 反向饱和电流 I_S

它是指管子未击穿时的反向电流,受温度影响明显,反向饱和电流越小越好。

c. 最大反向工作电压 U_{RM}

反向加在二极管两端而不引起击穿的最大电压称为最大反向工作电压,工作电压仅为击穿电压的 $1/3 \sim 1/2$。

d. 最高工作频率 f_M

它是指保证二极管单向导电作用的最高工作频率,若信号频率超过该值,二极管的单向导电性将变坏。

e. 反向恢复时间 t_{re}

通常把二极管从正向导通转为反向截止所经过的时间称为反向恢复时间,反向恢复时间的存在,使二极管的开关速度受到限制。

② 普通二极管的识别和测试

一般普通二极管的外壳上均印有型号和标记,小功率二极管的阴极在二极管外表大多采用一种色圈标示出来,有些二极管也用二极管专用符号来表示阴极或阳极。若遇到型号标记不清时,可以借助万用表的欧姆挡做出判别。将模拟式万用表欧姆挡置"$R \times 100$"或"$R \times 1$ k"处,将红、黑两表笔接触二极管两端,表头有一指示,将红、黑表笔反过来再次接触二极管两端,表头又将有一指示。若两次指示的阻值相差很大,说明该二极管单向导电性好,并且阻值大的那次红表笔所接为二极管的阳极。若相差很小,说明已经失去单向导电性,如果两次指示的阻值均很大,则说明该二极管已经开路。用数字式万用表去测二极管时,红表笔接二极管的阳极,黑表笔接二极管的阴极,此时测得的阻值才是二极管的正向导通阻值,这与指针式万用表的表笔接法刚好相反。具体方法详见实验 1.2。

(2) 三极管

半导体三极管是电子电路中最重要的器件。它最主要的功能是放大和开关作用。常见的双极性晶体管有 NPN 和 PNP 两种类型,电路图形符号如图 A9 所示。

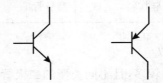

图 A9　NPN 三极管和 PNP 三极管电路图形符号

① 三极管型号命名法

各个国家半导体三极管的命名方法不尽相同,大致都由五部分组成,根据国家标准半导体器件型号命名方法 GB 249—74 的规定,常用双极性三极管型号命名法如表 A5 所示。

表 A5　常用双极性三极管的型号命名法

第一部分		第二部分		第三部分		第四部分	第五部分
用数字表示器件的电极数		用字母表示器件的材料和极性		用字母表示器件的类型		用数字表示器件的序号	用字母表示规格、档次
序号	意义	符号	意义	符号	意义	意义	意义
3	三极管	A	PNP 型锗材料	Z	整流管	反映极限参数、直流参数和交流参数等的差别	A、B、C、D 表示承受反向击穿电压的程度。其中 A 承受的反向击穿电压最低，B 次之……
		B	NPN 型锗材料	L	整流堆		
		C	PNP 型硅材料	S	隧道管		
		D	NPN 型硅材料	N	阻尼管		
		E	化合物材料	U	光电器件		
				K	开关管		
				X	低频小功率管		
				G	高频小功率管		

② 主要性能参数

a. 电流放大系数。

有直流电流放大系数 $\bar{\beta}$ 或 h_{FE}、交流电流放大系数 β 等。

b. 频率特性参数。

有共基极截止频率 f_A、共发射极截止频率 f_B、特征频率 f_T 和最高振荡频率 f_M 等。

c. 极间反向电流。

有集电极-基极反向截止电流 I_{CBO}、集电极-发射极反向截止电流 I_{CEO} 等。

d. 极限参数。

有集电极-发射极反向击穿电压 $U_{(BR)CEO}$；集电极-基极反向击穿电压 $U_{(BR)CBO}$；发射极-基极反向击穿电压 $U_{(BR)EBO}$；集电极最大允许电流 I_{CM}；集电极最大允许耗散功率 P_{CM} 等。

③ 三极管的识别和简单测试

对于小功率三极管来说，有金属外壳封装和塑料外壳封装两种。金属外壳封装的如果管壳上带有定位销，那么，将管底朝上，从定位销起，按顺时针方向，三根电极依次为 e,b,c,如果管壳上无定位销，且三根电极在半圆内，将有三根电极的半圆置于上方，按顺时针方向，三根电极依次为 e,b,c,如图 A10(a)所示。塑料外壳封装的，面对平面，三根电极置于下方，从左到右，三根电极依次为 e,b,c,如图 A10(b)所示。

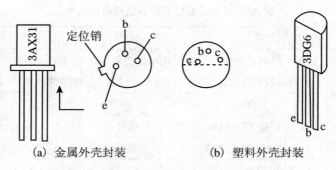

（a）金属外壳封装　　　　　（b）塑料外壳封装

图 A10　半导体三极管的识别

对于大功率三极管，外形一般分为 F 型和 G 型两种，如图 A11 所示。F 型管从外形上只能看到两根电极。将管底朝上，两根电极置于左侧，则上为 e，下为 b，底座为 c。G 型管的三根电极一般在管壳的顶部，将管底朝下，三根电极置于左方，从最下电极起，按顺时针方向，依次为 e，b，c。

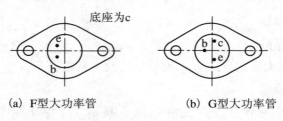

（a）F 型大功率管　　　　　（b）G 型大功率管

图 A11　F 型和 G 型引脚识别

由于三极管的基本结构是两个背靠背的 PN 结，根据 PN 结的单向导电性，同样可以用万用表的欧姆挡来判别三极管的极性或类型。先假设三极管的某极为基极，将黑表笔（模拟式万用表）接在假设基极上，再将红表笔依次接到其余两个电极上，若两次测得的电阻都大（为几千欧到几十千欧），或者都小（几百欧至几千欧），对换表笔重复上述测量，测得两个阻值相反（都很小或都很大），则可确定假设的基极是正确的，否则另假设一个极为基极，重复上述测试，以确定基极。当基极确定后，将黑表笔接基极，红表笔接其他两个极，若测得电阻值都很小，则该三极管为 NPN，反之为 PNP。接下来判断集电极和发射极，以 NPN 为例，把黑表笔接至基极，红表笔接触到另外两个引脚，在阻值小的一次测量中，红表笔所接引脚为集电极，另外一个引脚则是发射极。具体方法详见实验 1.2。

④ 三极管选用

三极管选用时要根据不同的电路要求，选择不同类型和技术参数的三极管，如低频管或高频管，还要根据整机的尺寸合理选择三极管的外形及封装。

5. 模拟集成电路

集成电路是一种采用特殊工艺,将晶体管、电阻、电容等元器件集成在硅基片上而形成的具有一定功能的器件,英文缩写为 IC,俗称芯片。集成电路与分立元器件电路相比,体积大大减小,质量变轻,成本低,可靠性好,已应用在人们生活的方方面面。

（1）集成电路分类

集成电路按集成度高低的不同可分为小规模集成电路、中规模集成电路、大规模集成电路和超大规模集成电路。目前,集成度仍以较快的速度在向前发展。

集成电路按导电类型可分为双极型集成电路和单极型集成电路。双极型集成电路的制作工艺复杂,功耗较大,代表集成电路有 TTL,ECL,HTL,LST - TL,STTL 等类型。单极型集成电路的制作工艺简单,功耗也较低,易于制成大规模集成电路,代表集成电路有 CMOS,NMOS,PMOS 等类型。对于 CMOS 型 IC,特别要注意防止静电击穿,最好也不要用未接地的电烙铁焊接。使用 IC 也要注意其参数,如工作电压、散热等。

集成电路按其功能、结构不同,可以分为模拟集成电路和数字集成电路。模拟集成电路用来产生、放大和处理各种模拟信号。模拟集成电路有以下几方面特点：

① 电路结构与元器件参数具有对称性。

② 用有源器件代替无源器件。

③ 采用复合结构的电路。

④ 级间采用直接耦合方式。

⑤ 电路中使用的二极管多用作温度补偿或电位移动电路,大都采用 BJT 的发射结构成。

模拟集成电路在应用上复杂些,一般需要一定数量的外围元器件配合其工作,而且工作信号是模拟信号,输出与输入成比例关系。常用的模拟集成电路有运算放大器、音频放大器、中频放大器、宽带放大器、集成稳压器和功率放大器等。这些电路常用于信号检测、控制、电视、音响和通信等领域。

（2）集成电路识别

集成电路的外封装有很多种,常见的有圆形金属外壳（晶体管式封装）、扁平形陶瓷或塑料外壳封装、双列直插式陶瓷或塑料封装和单列式直插封装等,其中双列直插和单列直插最为常见。集成电路有各种型号,其命名也有一定规律。一般是由前缀、数字编号和后缀组成。前缀表示集成电路的生产厂家及类别,后缀一般用来表示集成电路的封装形式、版本代号等。常用的集成电路如小功率音频放大器 LM386 就因为后缀不同而有许多种。LM386N 是美国国家半导体公司的产品,

LM 代表线性电路，N 代表塑料双列直插封装。

集成电路的引脚分别有 8 根、14 根和 16 根等多种。使用集成电路前，必须认真查对和识别集成电路的引脚。一般来说，集成电路外封装上都有引脚排列顺序的标志，一般有色点、凹槽、管键及封装时压出的圆形符号等来作标注。

对于扁平形或双列直插式集成电路的引脚的识别方法是：将集成电路水平放置，引脚向下，标志对着自己身体一边，从右边靠近身体的引脚按逆时针方向数，依次是引脚 1,2,3,……

对于圆形管座式，则以管键为参考标志，以键为起点，按逆时针方向数，依次是引脚 1,2,3,……

如果集成电路外封装上没有色点和其他标志，那么在识别时，将印有型号的一面朝下，从左下角按逆时针方向数，依次是引脚 1,2,3,……

（3）集成电路故障检测

集成电路接入电路出现故障时，如果是插接面包板电路或焊接集成电路插座的电路，最方便的检测办法是用同型号的集成电路进行替换，如果故障排除，说明是集成电路本身的故障。但是如果是直接焊接电路，拆焊比较麻烦，可采用下面三种办法。一是用万用表欧姆挡测量集成电路各引脚的对地电阻，然后与标准值比较，从中发现问题。二是用万用表在线测量各引脚对地电压，在集成电路供电电压符合规定的情况下，如有不符合标准电压值的引脚，查其外围器件，若无损坏和失效，可认为是集成电路的问题。三是用示波器将其波形与标准波形进行比较，从而发现故障。

（4）集成运放电路

集成电路运算放大电路是模拟集成电路中应用最广泛的器件，它实质上是一个高增益、高输入电阻和低输出电阻的直接耦合多级放大电路，主要由差分输入级、电压放大级、输出级和偏置电路等四种基本单元组成，此外，还有一些辅助电路，如电平移动电路、过载保护电路、调零和高频补偿环节等。集成运放的参数详见相关资料。

由于现代集成电路制作工艺的进步，已经生产出各类接近理想参数的集成电路运算放大器，分析时可将实际运放视为理想器件。集成运放的类型很多，电路也不一样，但基本结构是一致的，除了具有高电压增益的通用集成运放外，还有性能更优良和具有特殊功能的集成运放，可分为高输入阻抗、低漂移、高精度、高速、宽带、低功耗、高压、大功率和程控型等专用集成运放，具体应用时，请参考相关型号器件的使用手册。图 A12 是通用型集成运放 324 的原理图，图 A13 是 LM324 的引脚示意图。

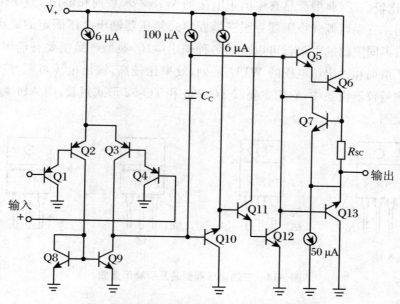

图 A12　通用集成四运放 324 的运放原理图

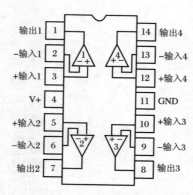

图 A13　LM324 引脚示意图

（5）集成稳压电路

集成稳压电路又称集成稳压器，是模拟集成电路中的重要部件，因它具有使用方便、成本低、体积小和性能可靠等优点而获得广泛应用，并将在各种电子设备中逐步取代分立元件组装的稳压电路。

集成稳压器件按使用情况可分为多端可调式、三端固定式、三端可调式及单片开关电源等几种。三端固定式稳压器是一种串联调整稳压器，它将取样电阻、补偿电容、保护电路和大功率调整管制作在同一芯片上，仅有三个引出端，使用非常方便,应用比较广泛,典型产品有输出正电压的 W78××系列和输出负电压的 W79××系列。三端可调式稳压器克服三端固定式稳压器输出电压固定的缺点,只需外接两只不同阻值的电阻就可以获得各种输出电压,典型产品主要有输出正电压的 W117 系列和输出负电压的 W137 系列,效率比较高,输出电压可调,广泛应用于各种测量仪器设备中,它们主要以 TO-220 和 TO-92 形式封装,图 A14 为封装及引脚示意图。

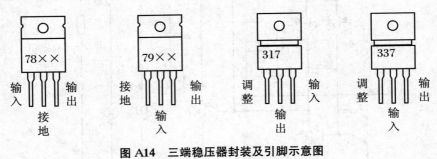

图 A14　三端稳压器封装及引脚示意图

附录 B　电子测量基础

1. 概述

测量就是通过实验的方法对客观事物取得定量信息即数量概念的过程。在这个过程中,人们借助专门的设备,把被测对象直接或间接地与同类已知单位进行比较,得到用数值和单位共同表示的测量结果。电子测量是测量学的一个重要分支,20 世纪 30 年代,测量科学与电子科学的结合产生了电子测量技术。从广义上说,凡是利用电子技术进行的测量都可以称为电子测量;从狭义上说,电子测量是指在电子学中测量有关电的量值。与其他测量相比,电子测量具有以下几个明显特点。

① 测量频率范围宽。被测信号的频率范围除直流信号外,还包括交流信号,频率范围低至 10^{-6} Hz,高至 THz(1 THz $= 10^{12}$ Hz)级。

② 量程范围宽。如数字万用表对电压的测量范围由纳伏(nV)级至千伏(kV)级,量程达 12 个数量级。

③ 测量准确度高。时间测量误差小到 $10^{-14} \sim 10^{-13}$ 量级,电压测量误差小到 10^{-6} 量级。

正是由于电子测量能够准确地测量频率和电压,人们往往把其他参数转换成频率或电压后再进行测量。

(1) 电子测量仪器

用于检测或测量一个量或为测量目的供给一个量的器具称为测量仪器,包括各种指示仪器、比较式仪器、记录式仪器、信号源和传感器等。利用电子技术测量电或非电量的测量仪器称为电子测量仪器。电子测量仪器种类繁多,一般可分为专用仪器和通用仪器两大类。通用电子测量仪器按其功能可分为以下几类。

① 信号发生器。用于产生测试用的信号,如低频、高频信号源,函数信号发生器及射频模拟与数字信号发生器等。

② 信号分析仪器。用来观测、分析和记录各种电量的变化,包括时域、频域和数字域分析仪,如示波器、动态信号分析仪、频谱分析仪、逻辑分析仪等。

③ 频率计、相位计。用来测量电信号的频率、时间间隔和相位,如电子计数式频率计、波长计、数字式相位计等。

④ 网络特性测量仪器。用来测量电气网络的各种特性,如频率特性测试仪

(扫频仪)、阻抗测试仪、网络分析仪等。

⑤ 电子元器件测试仪器。用来测量各种电子元器件参数,检测元器件工作状态(或功能),如电桥、Q 表、晶体管特性图示仪等。

通用仪器按显示方式,又可分为模拟式和数字式两大类。前者主要是用指针方式直接将测量结果在标度尺上指示出来,如各种模拟式万用表和电子电压表。后者是将被测的连续变化的模拟量转换成数字量之后,以数字方式显示测量结果,以达到直观、准确、快速的效果,如各种数字万用表、数字频率计等。电子测量仪器的种类繁多,用途也各不相同,在测量中应根据实际情况合理选择使用。

(2) 测量方法

为实现测量目的,正确选择测量方法是极其重要的,它直接关系到测量工作能否正常进行和测量结果的有效性。测量方法按照不同的分类方法大致包括以下几种。

① 按测量性质分类

按测量性质分类,有时域测量法、频域测量法、数据域测量法和随机量测量法等几种。

a. 时域测量法。

时域测量法用于测量与时间有函数关系的量,如电压、电流等。它们的稳态值和有效值多用仪表直接测量,而它们的瞬时值可通过示波器显示其波形,以便观察其随时间变化的规律。

b. 频域测量法。

频域测量法用于测量与频率有函数关系的量,如电路增益、相移等。可以通过分析电路的幅频特性和相频特性等进行测量。

c. 数字域测量法。

数字域测量法是对数字逻辑量进行测量的方法。如用逻辑分析仪可以同时观测许多单次并行的数据。对于计算机的地址线、数据线上的信号,既可显示其时序波形,也可用 1,0 显示其逻辑状态。

d. 随机量测量法。

随机量测量法主要是指对各种噪声、干扰信号等随机量测量。

② 按测量手段分类

按测量手段分类,有直接测量法、间接测量法、组合测量法和调零测试法等几种。

a. 直接测量法。

直接测量法用于保证测量结果与校验标准一致。在直接测量方法中,测量者直接测到的量值就是他最终所需要的被测量的值。测量过程主要是一个直接的比较过程。

b. 间接测量法。

间接测量法直接测量的并不是实验者最终想要得到的量值,而是以这些量值作为后续计算的基础。即利用直接测的量与被测量之间的函数关系(可以是公式、曲线或表格等),间接得到被测量量值的测量方法。间接测量的方法比较麻烦,常在直接测量法不方便或间接测量法的结果较直接测量法更为准确等情况下使用。

c. 组合测量法。

组合测量法是兼用直接测量与间接测量的方法。在某些测量中,被测量与几个未知量有关,需要通过改变测量条件进行多次测量,根据测量与未知参数间的函数关系联立求解。

d. 调零测试法。

调零测试法的基本过程是:将一个校对好的基准源与未知的被测量进行比较,并调节其中一个,使两个量值之差达到零值。这样,从基准源的读数便可以得知被测量的值。

2. 电压测量

电压是表征电信号特性的一个重要参数。电子电路的许多参数和性能都直接与电压相关,如增益、频率特性、电流以及功率等都可视为电压的派生量,各种电路工作状态,如饱和、截止等,通常也都以电压的形式反映出来。因此,电压测量是模拟电子技术实验的重要技能之一。

在模拟电子技术实验中,应针对不同的测量对象采用不同的测量方法。如:测量精度要求不高,可用示波器或普通万用表;希望测量精度较高,应根据现有条件,选择合适的测量仪器。

(1) 直流电压的测量

放大电路的静态工作点、电路的工作电源等都是直流电压。电子电路中的直流电压一般分为两大类,一类为直流电源电压,它具有一定的直流电动势 E 和等效内阻 R_s;另一类是直流电路中某元器件两端之间的电压差或各点对地的电位。

① 模拟式万用表测量直流电压

模拟式万用表的直流电压挡是由表头串联分压电阻和并联电阻组成的,因而其输入电阻一般不会太大,而且各量程挡的内阻不同,量程越大内阻越大。要注意表的内阻与被测电路并联产生的影响,若电表的内阻不是远大于被测电路的等效电阻,将造成测量值比实际值小得多,产生较大的测量误差,有时甚至得出错误的结论。因此测量时,要考虑电表输入阻抗、量程和频率范围,尽量使被测电压的指示值在仪表的满刻度量程的 2/3 以上,这样可以减小测量误差。

在测量前应对模拟式万用表进行机械调零,注意被测电量的极性,选择合适的量程挡位,同时要正确读数。一般来说,模拟式万用表的直流电压挡测量电压只适用于被测电路等效内阻很小或信号源内阻很小的情况。

② 零示法测量直流电压

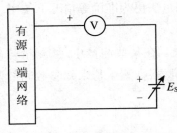

图 B1　零示法测量直流电压

为了减小由于模拟式电压表内阻不够大而引起的测量误差,可用如图 B1 所示的零示法。图中 E_s 为大小可调的标准直流电源,测量时,先将标准电源 E_s 置最小,电压表置较大量程挡,然后缓慢调节标准电源 E_s 的大小,并逐步减小电压表的量程挡,直到电压表在最小量程挡指示为零,此时有源二端网络的电压等于 E_s,电压表中没有电流流过,电压表的内阻对被测电路无影响。断开电路,用电压表测量标准电源 E_s 的大小即为被测有源二端网络的电压大小。在此由于标准直流电源的内阻很小,一般均小于 1 Ω,而电压表的内阻一般在"kΩ"级以上,所以用电压表直接测量标准电源的输出电压时,电压表内阻引起的误差完全可以忽略不计。

③ 数字式万用表测量直流电压

数字式万用表比模拟表增加了很多新的功能,如测量电容值、晶体管放大倍数、二极管压降等,某些数字式万用表还能把测量结果用语言播报出来。数字式万用表的基本构成部件是数字直流电压表,因此,数字式万用表均有直流电压挡。用它测量直流电压可直接显示被测直流电压的数值和极性,有效数值位数较多,精确度高。一般数字式万用表直流电压挡的输入电阻较高,至少在"MΩ"级,对被测电路影响很小。但极高的输出阻抗使其易受感应电压的影响,在一些电磁干扰比较强的场合测出的数据可能误差非常大。

数字式万用表的直流电压挡有一定的分辨力,它能显示被测电压的最小变化值。实际上不同量程挡的分辨力不同,一般以最小量程挡的分辨力为数字式电压表的分辨力,如某型号数字式万用表的直流电压分辨力为 100 μV,则表明这个万用表不能显示出比 100 μV 更小的电压变化。

④ 示波器测量直流电压

用示波器测量直流电压是一种比较测量法,用示波器测量电压时,首先应将示波器的通道灵敏度微调旋钮置校准挡,否则电压读数不准确。

（2）交流电压的测量

放大电路的输入输出信号一般是交流信号，对于一些动态指标如电压增益、输入和输出电阻等也经常用加入正弦电压信号的方法进行间接测量。

模拟电子技术实验中对正弦交流电压的测量，一般只测量其有效值，特殊情况下才测量峰值。由于万用表结构上的特点，虽然也能测量交流电压，但对频率仍有一定的限制。因此，测量前应根据待测量的频率范围，选择合适的测量仪器和方法。

① 模拟式万用表测量交流电压

用模拟式万用表的交流电压挡测量电压时，交流电压是通过检波器转换成直流电压后直接推动磁电式微安表头的，由表头指针指示出被测交流电压的大小，测量时应注意其内阻对被测电路的影响。此外，模拟式万用表测量交流电压的频率范围较小，一般只能测量频率在 50 Hz 左右的工频交流电压。

② 数字式万用表测量交流电压

数字式万用表的交流电压挡是将交流电压检波后得到的直流电压通过A/D转换器转换成数字量，然后用计数器计数，以十进制显示被测电压值的。与模拟式万用表交流电压挡相比，数字式万用表的交流电压挡输入阻抗高，对被测电路的影响小，但同样只能测量频率在几十到几百赫兹的交流电压。

③ 交流毫伏表测量交流电压

交流毫伏表是将被测信号经过放大后再检波（或先将被测信号检波后再放大）变换成直流电压，推动微安表头，由表头指针指示出被测电压的大小，通常表盘刻度都是按正弦波的有效值刻度的。这类电压表的输入阻抗高，量程范围广，使用频率范围宽。一般交流毫伏表的金属机壳为接地端，另一端为被测信号输入端。因此，这种表一般只能测量电路中各点对地的交流电压，不能直接测量任意两点间的电压，实验中应特别注意。

④ 示波器测量交流电压

用示波器测量交流电压同测量直流电压一样，都需要把通道灵敏度微调电位器旋至校准位置，在示波器显示出被测信号的稳定波形，调节示波器通道的衰减系数"V/DIV"旋钮，使屏幕上的波形大小适中，示波器一般读的是电压的峰-峰值。

（3）噪声电压的测量

各种物理量（温度、加速度等）经传感器转换为电信号后输入到分析仪器（测量仪器）中去时，通常把不必要的信号（也就是噪声）也一起测量了。噪声包括固有噪声及外部噪声，这两种基本类型的噪声均会影响电子电路的性能。外部噪声来自外部噪声源，典型例子包括数字开关、50 Hz 噪声、电源开关等。固有噪声由电路元器件本身生成，常见的包括宽带噪声、热噪声、闪烁噪声等。在模拟电子技术实验中关心的是对电路内部产生的噪声电压的测量。

① 用交流电压表测量噪声电压

噪声电压一般指有效值,因此用有效值电压表测量噪声电压有效值是很方便的,但是这种电压表较少且多数有效值电压表的频带较窄,所以一般都用平均值电压表进行噪声电压的测量,然后通过转换得到有效值。

② 用示波器测量噪声电压

示波器的频带宽度很宽时,可以用来测量噪声电压,使用极其方便,尤其适合于测量噪声电压的峰-峰值。测量时,将被测噪声信号通过 AC 耦合方式送入示波器的垂直通道,垂直衰减系数置于合适挡位,扫描速度(时基常数)置较低挡,在荧光屏上即可看到一条水平移动的垂直亮线,这条亮线垂直方向的长度乘以示波器的垂直衰减系数就是被测噪声电压的峰-峰值 $U_{P\text{-}P}$,则噪声电压的有效值为 $U = (1/6)U_{P\text{-}P}$。

3. 电流的测量

电流的测量也是电参数测量的基础,静态工作点、电流增益、功率等的测量,以及许多实验的调试、电路参数的测量,都离不开对电流的测量。实验中电流可分为两类:直流电流和交流电流。与电压测量类似,由于测量仪器的接入,会对测量结果带来一定的影响,也可能影响到电路的工作状态,实验中应特别注意。不同类型电流表的原理和结构不同,影响的程度也不尽相同。一般电流表的内阻越小,对测量结果影响就越小,反之就越大。因此,实验过程中应根据具体情况,选择合理的测量方法和合适的测量仪器,以确保实验的顺利进行。

(1) 直流电流测量

① 模拟式万用表测量直流电流

模拟式万用表的直流电流挡一般由磁电式微安表头并联不同的分流电阻构成不同的量程,这种电流表的内阻随量程的大小而不同,量程越大,内阻越小。用模拟式万用表测量直流电流时,应将万用表串联在被测电路中,测量时,应断开被测支路,将万用表红、黑表笔按电流方向串接在被断开的两点之间。

② 数字式万用表测量直流电流

数字式万用表直流电流挡的基础是数字式电压表,它通过电流-电压转换电路,使被测电流流过标准电阻,将电流转换成电压来进行测量,量程切换是通过切换不同的取样电阻来实现的。量程越小,取样电阻越大,当数字式万用表串联在被测电路中时,取样电阻的阻值会对被测电路的工作状态产生一定的影响。

③ 并联法测量直流电流

将电流表串联在被测电路中测量电流是电流表的使用常识,但是作为一个特例,当被测电流是一个恒流源而电流表的内阻又远小于被测电路中某一串联电阻时,电流表可以并联在这个电阻上测量电流,此时电路中的电流绝大部分流过电阻小的电流表,而恒流源的电流是不会因外电阻的减小而改变的。在做这种不规范的测量时,要进行正确的分析,否则会造成电路或电流表的损坏。

④ 间接测量法测量直流电流

电流的直接测量法要求断开回路后再将电流表串联接入,往往比较麻烦,容易因疏忽而造成测量仪表的损坏。当被测支路内有一个定值电阻可以利用时,可以测量该电阻两端的直流电压,然后根据欧姆定律算出被测电流。这个电阻一般称为电流取样电阻,当被测支路无现成的电阻可利用时,也可以人为地串入一个取样电阻来进行间接测量,取样电阻的取值原则是对被测电路的影响越小越好,一般在 $1 \sim 10\ \Omega$,很少超过 $100\ \Omega$。

(2) 交流电流测量

一般交流电流的测量都采用间接测量法,即先用交流电压表测出电压后,用欧姆定律换算成电流。用间接法测量交流电流的方法与间接法测量直流电流的方法相同,只是对取样电阻有一定的要求。

① 当电路工作频率在 20 kHz 以上时,就不能选用普通线绕电阻作为取样电阻,高频时应用薄膜电阻。

② 在测量中必须将所有的接地端连在一起,即必须共地,因此取样电阻要连接在接地端,在 LC 振荡电路中,要接在低阻抗端。

4. 电阻的测量

线性电阻是所有电子电路中使用最多的元件,在电路中通常起分压分流的作用。对信号来说,交流与直流信号都可以通过电阻。电阻有一定的阻值,代表这个电阻对电流流动阻挡力的大小。电阻的种类很多,通常分为碳膜电阻、金属电阻、线绕电阻等,又可分为固定电阻、可调电阻、特种电阻等。在模拟电子技术实验中,经常要测量放大电路的输入电阻和输出电阻。

(1) 定电阻测量

定电阻阻值标法通常有色环法和数字直标法两种。色环法在一般的电阻上比较常见,可以根据色环直接得出其阻值大小。下面介绍用仪器测量电阻的方法。

① 万用表测量电阻

用万用表的电阻挡测量电阻时,先根据被测电阻的大小,选择好万用表电阻挡的倍率或量程范围,再将两个输入端(表笔)短路调零,最后将万用表并联在被测电阻的两端,读出电阻值即可。

在用万用表测量电阻时应注意被测电阻所能承受的电压和电流值,以免损坏被测电阻,当电阻连接在电路中时,首先应将电路的电源断开,绝不允许带电测量。

② 电桥法测量电阻

当对电阻值的测量精度要求很高时,可用电桥法进行测量。

③ 伏安法测量电阻

伏安法是一种间接测量法,理论依据是欧姆定律,给被测电阻施加一定的电压,所加电压应不超出被测电阻的承受能力,然后用电压表和电流表分别测出被测电阻两端的电压和流过它的电流,即可算出被测电阻的阻值。使用伏安法时,有电压表前接法和电压表后接法两种电路,应根据被测电阻的大小,选择合适的测量电路,以使误差最小。

(2) 电位器测量

电位器是一种机电元件,靠电刷在电阻体上的滑动,取得与电刷位移成一定关系的输出电压。一般采用万用表测量电位器的阻值。

用万用表测量电位器的方法与测量固定电阻的方法相同,先测量电位器两个固定端之间的总体固定电阻,然后测量滑动端与任意一个固定端之间的电阻值,并不断改变滑动端的位置,观察电阻值的变化情况,直到滑动端调到另一端为止。在缓慢调节滑动端时,应滑动灵活,松紧适度,听不到噬噬的噪声,且阻值读数平稳变化,没有跳变现象,否则说明滑动端接触不良,或滑动端的引出机构内部存在故障。

也可以采用示波器测量电位器的噪声。给电位器两端加一适当的直流电源,大小应不造成电位器超功耗,最好用电池。让一定量的电流流过电位器,缓慢调节电位器的滑动端,在示波器的荧光屏上显示出一条光滑的水平亮线,随着电位器滑动端的调节,水平亮线在垂直方向移动,若水平亮线上有不规则的毛刺出现,则表示有滑动噪声或静态噪声存在。

(3) 非线性电阻测量

非线性电阻如热敏电阻、二极管等,它们的阻值与工作环境以及外加电压和电流的大小有关,一般采用专用设备测量其特性。当无专用设备时,可采用前面介绍的伏安法,测量一定直流电压下的直流电流值,然后改变电压的大小,逐点测量相应的电流,最后画出伏安特性曲线,所得的电阻值只表示一定电压或电流下的直流电阻值。如果电阻值与环境温度有关时还应制造出一定的外界环境。

5. 电容的测量

除电阻外,电容是第二种最常用的元件,其主要作用是储存电能。它由两片金属中间夹绝缘介质构成。电容存在绝缘电阻(绝缘介质的损耗)和引线电感,在工作频率较低时,可以忽略其影响。因此,电容的测量主要包括电容量值与电容器损耗两部分内容,有时需要测量电容器的分布电感。

（1）谐振法测量电容量

将交流信号源、交流电压表、标准电感 L 和被测电容 C_x 连成如图 B2 所示的并联电路，其中 $C_。$ 为标准电感的分布电容。测量时，调节信号源的频率，使并联电路谐振，即交流电压表读数达到最大值，反复调节几次，确定电压表读数最大时所对应的信号源的频率，则被测电容值 C_x 为

$$C_x = \frac{1}{(2\pi f)^2 L} - C_。 \tag{B.1}$$

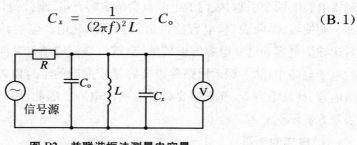

图 B2　并联谐振法测量电容量

（2）交流电桥法测量电容量和损耗因数

交流电桥有如图 B3（a）和图 B3（b）所示的串联和并联两种电桥。对于串联电桥，D_x 为被测电容损耗因数，C_x 为被测电容，R_x 为其等效串联损耗电阻，由电桥的平衡条件可得

$$C_x = \frac{R_4}{R_3}C_N, \quad R_x = \frac{R_3}{R_4}R_N, \quad D_x = \frac{1}{Q} = \tan\alpha = 2\pi f R_N C_N \tag{B.2}$$

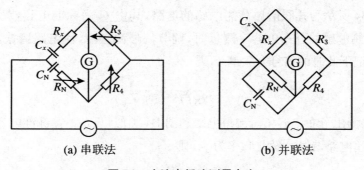

（a）串联法　　　　　　　　（b）并联法

图 B3　交流电桥法测量电容

测量时，先根据被测电容的范围，通过改变 R_3 选取一定的量程，然后反复调节 R_4 和 R_N 使电桥平衡，即检流计读数最小，从 R_4，R_N 刻度读 C_x 和 D_x 的值。这种电桥适用于测量损耗小的电容器。

对于测量损耗较大的电容器一般选用并联电桥法，D_x 为被测电容损耗因数，C_x 为被测电容，R_x 为其等效并联损耗电阻，测量时，调节 R_N 和 C_N 使电桥平衡，

此时

$$C_x = \frac{R_4}{R_3}C_N, \quad R_x = \frac{R_3}{R_4}R_N, \quad D_x = \frac{1}{Q} = \tan\alpha = \frac{1}{2\pi f R_N C_N} \quad (B.3)$$

（3）万用表估测电容

普通万用表的欧姆挡可以粗略估测容量值较大的电容。将红、黑两表笔分别碰接电容的两个引脚，表内的电池就会给电容充电，指针偏转，充电结束后，指针回零。调换红、黑两表笔，电容放电后又会反向充电。电容越大，指针偏转也越大。对比被测电容和已知电容的偏转情况，就可以粗略估计被测电容的量值。在一般的电子电路中，除了调谐回路等需要容量较准确的电容以外，用得最多的隔直、旁路电容、滤波电容等，都不需要容量准确的电容。因此，用欧姆挡粗略估测电容量值是有实际意义的。

6. 电感的测量

用绝缘导线绕制的各种线圈称为电感。电感器是能够把电能转化为磁能并存储起来的元件，其结构类似于变压器，通常只有一个绕组。由于它一般是用金属导线绕制而成的，所以有绕线电阻（对于磁心电感还应包括磁性材料插入的损耗电阻）和线圈匝与匝之间的分布电容。采用一些特殊的制作工艺，可减小分布电容，工作频率较低时，分布电容可忽略不计。电感的测量主要包括电感量和损耗（通常用品质因数 Q 表示）两部分内容。

（1）谐振法测量电感

如图 B4 所示为并联谐振法测电感的电路，其中 C 为标准电容，L_x 为被测电感，C_o 为被测电感的分布电容。测量时，调节信号源频率，使电路谐振，即电压表指示最大，记下此时的信号源频率 f，则

$$L_x = \frac{1}{(2\pi f)^2 (C + C_o)} \quad (B.4)$$

还需要测出分布电容 C_o，测量电路和图 B4 类似，只是不接标准电容。调节信号源频率，使电路谐振。设此频率为 f_1，则

$$C_o = \frac{f^2}{f_1^2 - f^2} C \quad (B.5)$$

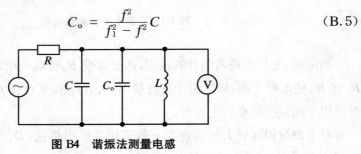

图 B4　谐振法测量电感

通过计算,可得

$$L_x = \frac{1}{(2\pi f_1)^2 C_。}$$ (B.6)

(2) 交流电桥法测量电感

测量电感的交流电桥有如图 B5(a)和图 B5(b)所示的马氏电桥和海氏电桥两种电桥,分别适用于测量品质因数不同的电感。

马氏电桥适用于测量 $Q<10$ 的电感,图中 L_x 为被测电感,R_x 为被测电感损耗电阻,由电桥平衡条件可得

$$L_x = \frac{R_2 R_3 C_N}{1 + \dfrac{1}{Q_n^2}}, \quad R_x = \frac{R_2 R_3}{R_N} \cdot \frac{1}{1 + Q_n^2}, \quad Q_x = \frac{1}{\omega R_N C_N} = Q_n \quad (B.7)$$

一般在马氏电桥中,R_3 用来改变量程,R_2 和 R_N 为可调元件,由 R_2 的刻度可直读 L_x 值,由 R_N 的刻度可直读 Q 值。

海氏电桥适用于测量 $Q>10$ 的电感,测量方法和结论与马氏电桥相同。

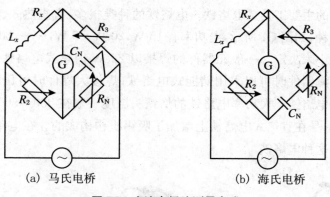

(a) 马氏电桥　　　　　　　　(b) 海氏电桥

图 B5　交流电桥法测量电感

附录 C　手工焊接

任何电子产品,从几个零件构成的整流器到成千上万个零件组成计算机系统,都是由基本的电子元器件和功能构件,按电路的工作原理,用一定的工艺方法连接而成的。虽然连接方法有多种(如铆接、绕接、压接、粘结等),但使用最广泛的方法是锡焊。

焊接是金属加工的基本方法之一。通常焊接技术分为熔焊、压焊和钎焊三大类。锡焊属于钎焊中的软钎焊(钎料熔点低于 450 ℃)。

1. 焊接工具与条件

(1) 手工焊接的工具

手工焊接的主要工具是电烙铁。电烙铁的种类很多,有直热式、感应式、储能式及调温式多种,如图 C1 所示,电功率有 15 W,20 W,35 W,……,300 W 多种,主要根据焊件大小来决定。一般元器件的焊接以 20 W 内热式电烙铁为宜;焊接集成电路及易损元器件时可以采用储能式电烙铁;焊接大焊件时可用 150~300 W 大功率外热式电烙铁。大功率电烙铁的烙铁头温度一般在 300~500 ℃。还有一种吸锡电烙铁,是在直热式电烙铁上增加了吸锡机构构成的。在电路中对元器件拆焊时要用到这种电烙铁。

(a) 内热式电烙铁　　　　(b) 外热式电烙铁　　　　(c) 恒温防静电电烙铁

图 C1　常用电烙铁外形图

烙铁头一般采用紫铜材料制造。为保护在焊接的高温条件下不被氧化生锈,常将烙铁头经电镀处理,有的烙铁头还采用不易氧化的合金材料制成。新的烙铁头在正式焊接前应先进行镀锡处理。方法是将烙铁头用细砂纸打磨干净,然后浸入松香水,沾上焊锡在硬物(例如木板)上反复研磨,使烙铁头各个面全部镀锡。若使用时间很长,烙铁头已经氧化时,要用小锉刀轻锉去表面氧化层,在露出紫铜的光亮后可同新烙铁头镀锡的方法一样进行处理。烙铁头从烙铁芯拉出的越长,烙铁头的温度相对越低,反之温度越高。也可以利用更换烙铁头的大小及形状达到调节温度的目的,烙铁头越细,温度越高;烙铁头越粗,相对温度越低。根据所焊元件种类可以选择适当形状的烙铁头。烙铁头的顶端形状有圆锥形、斜面椭圆形及凿形或圆柱形。

（2）锡焊的条件

为了提高焊接质量,必须注意掌握锡焊的条件。

① 被焊件必须具备可焊性。

② 被焊金属表面应保持清洁。

③ 使用合适的助焊剂。

④ 具有适当的焊接温度。

⑤ 具有合适的焊接时间。

2．焊料与助焊剂

（1）焊接材料

凡是用来熔合两种或两种以上的金属面,使之成为一个整体的金属或合金都叫焊料。这里所说的焊料是只针对锡焊所用的焊料。

常用锡焊材料有管状焊锡丝、抗氧化焊锡、含银的焊锡及焊膏等。

（2）助焊剂的选用

在焊接过程中,由于金属在加热的情况下会产生一薄层氧化膜,这将阻碍焊锡的浸润,影响焊接点合金的形成,容易出现虚焊、假焊等现象。使用助焊剂可改善焊接性能,助焊剂有松香、松香溶液、焊膏焊油等种类,可根据不同的焊接对象合理选用。焊膏焊油等具有一定的腐蚀性,不可用于焊接电子元器件和电路板,焊接完毕应将焊接处残留的焊膏焊油等擦拭干净。元器件引脚镀锡时应选用松香作助焊剂。一般印制电路板上是已涂有松香溶液的,元器件焊入时不必再用助焊剂。

3．手工焊接的注意事项

手工锡焊接技术是一项基本功,即使在大规模生产的情况下,维护和维修也必须使用手工焊接。因此,必须通过学习和实践操作练习才能熟练掌握。注意事项如下:

① 掌握正确的手握铬铁的操作姿势,可以保证操作者的身心健康,减轻劳动伤害。为减少焊剂加热时挥发出的化学物质对人的危害,减少有害气体的吸入量,一般情况下,烙铁到鼻子的距离应该不少于 20 cm ,通常以 30 cm 为宜。电烙铁有三种握法,如图 C2 所示。

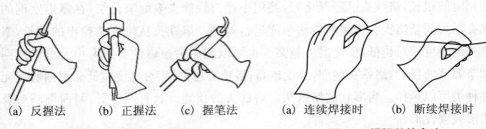

| (a) 反握法 | (b) 正握法 | (c) 握笔法 |
| (a) 连续焊接时 | (b) 断续焊接时 |

图 C2　握电烙铁的手法示意　　　　　图 C3　焊锡丝的拿法

　　反握法的动作稳定,长时间操作不易疲劳,适于大功率烙铁的操作。正握法适于中功率烙铁或带弯头电烙铁的操作,一般在操作台上焊接印制板等焊件时,多采用握笔法。

　　② 焊锡丝一般有两种拿法,如图 C3 所示。由于焊锡丝中含有一定比例的铅,而铅是对人体有害的一种重金属,因此操作时应该戴手套或在操作后洗手,避免食入铅尘。

　　③ 电烙铁使用以后,一定要稳妥地插放在烙铁架上,并注意导线等其他杂物不要碰到烙铁头,以免烫伤导线,造成漏电等事故。

　　4．手工焊接操作的基本步骤

　　掌握好电烙铁的温度和焊接时间,选择恰当的烙铁头和焊点的接触位置,才可能得到良好的焊点。正确的手工焊接操作过程可以分成五个步骤,如图 C4 所示。

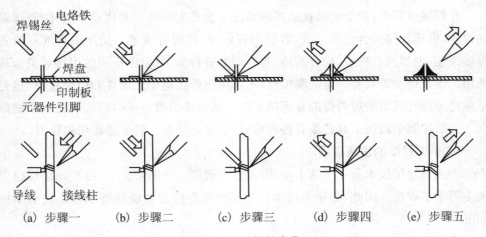

| (a) 步骤一 | (b) 步骤二 | (c) 步骤三 | (d) 步骤四 | (e) 步骤五 |

图 C4　手工焊接步骤

　　步骤一:准备施焊(图 C4(a))。左手拿焊丝,右手握烙铁,进入备焊状态。要求烙铁头保持干净,无焊渣等氧化物,并在表面镀有一层焊锡。

步骤二:加热焊件(图 C4(b))。烙铁头靠在两焊件的连接处,加热整个焊件,时间一般为 1～2 s。对于在印制板上焊接的元器件来说,要注意使烙铁头同时接触两个被焊接物。例如,图 C4(b)中的导线与接线柱、元器件引线与焊盘要同时均匀受热。

步骤三:送入焊丝(图 C4(c))。焊件的焊接面被加热到一定温度时,焊锡丝从烙铁对面接触焊件。注意:不要把焊锡丝送到烙铁头上!

步骤四:移开焊丝(图 C4(d))。当焊丝熔化一定量后,立即向左上 45° 方向移开焊丝。

步骤五:移开烙铁(图 C4(e))。焊锡浸润焊盘和焊件的施焊部位以后,向右上 45° 方向移开烙铁,结束焊接。

从第三步开始到第五步结束,时间控制在 1～3 s。

对于热容量小的焊件,例如印制板上较细导线的连接,可以简化为三步操作。准备:同以上步骤一;加热与送丝:烙铁头放在焊件上后即放入焊丝;去丝移烙铁:焊锡在焊接面上浸润扩散达到预期范围后,立即拿开焊丝并移开烙铁,并注意移去焊丝的时间不得滞后于移开烙铁的时间。对于吸收低热量的焊件而言,上述整个过程的时间不过 2～4 s,各步骤的节奏控制,顺序的准确掌握,动作的熟练协调,都是要通过大量实践并用心体会才能实现的。有人总结出了在五步骤操作法中用数秒的办法控制时间:烙铁接触焊点后数一、二(约 2 s),送入焊丝后数三、四,移开烙铁,焊丝熔化量要靠观察决定。此办法可以参考,但由于烙铁功率、焊点热容量的差别等因素,实际掌握焊接火候并无定章可循,必须具体条件具体对待。

5. 手工焊接操作的具体手法

在保证得到优质焊点的目标下,具体的焊接操作手法可以有所不同。

(1) 保持烙铁头的清洁

焊接时,烙铁头长期处于高温状态,又接触助焊剂等弱酸性物质,其表面很容易氧化腐蚀并沾上一层黑色杂质。这些杂质形成隔热层,妨碍了烙铁头与焊件之间的热传导。因此,要注意用一块湿布或湿的木质纤维海绵随时擦拭烙铁头。对于普通烙铁头,在腐蚀污染严重时可以使用锉刀修去表面氧化层。对于长寿命烙铁头,就绝对不能使用这种方法了。

(2) 靠增加接触面积来加快传热

加热时,应该让焊件上需要焊锡浸润的各部分均匀受热,而不是仅仅加热焊件的一部分,更不要采用烙铁对焊件增加压力的办法,以免造成损坏或不易觉察的隐患。有些初学者用烙铁头对焊接面施加压力,企图加快焊接,这是不对的。正确的方法是,根据焊件的形状选用不同的烙铁头,或者自己修整烙铁头,让烙铁头与焊件形成面的接触而不是点或线的接触。这样,就能大大提高传热效率。

(3) 加热要靠焊锡桥

在非流水线作业中,焊接的焊点形状是多种多样的,不大可能不断更换烙铁头。要提高加热的效率,需要有进行热量传递的焊锡桥。所谓焊锡桥,就是靠烙铁头上保留少量焊锡,作为加热时烙铁头与焊件之间传热的桥梁。由于金属熔液的导热效率远远高于空气,使焊件很快就被加热到焊接温度。应该注意,作为焊锡桥的锡量不可保留过多,不仅因为长时间存留在烙铁头上的焊料处于过热状态,实际已经降低了质量,还可能造成焊点之间的误连短路。

(4) 烙铁撤离有讲究

烙铁的撤离要及时,而且撤离时的角度和方向与焊点的形成有关。如图 C5 所示为烙铁不同的撤离方向对焊点锡量的影响。

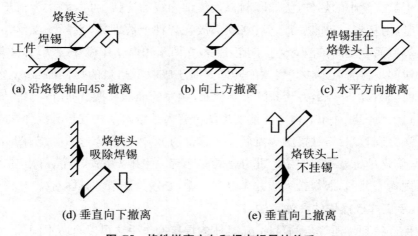

(a) 沿烙铁轴向45°撤离　　(b) 向上方撤离　　(c) 水平方向撤离

(d) 垂直向下撤离　　　　(e) 垂直向上撤离

图 C5　烙铁撤离方向和焊点锡量的关系

(5) 在焊锡凝固之前不能动

切勿使焊件移动或受到振动,特别是用镊子夹住焊件时,一定要等焊锡凝固后再移走镊子,否则极易造成焊点结构疏松或虚焊。

(6) 焊锡用量要适中

手工焊接常使用的管状焊锡丝,内部已经装有由松香和活化剂制成的助焊剂。焊锡丝的直径有 0.5 mm,0.8 mm,1.0 mm,……,5.0 mm 等多种规格,要根据焊点的大小选用。一般应使焊锡丝的直径略小于焊盘的直径。如图 C6 所示,过量的焊锡不但无必要地消耗了焊锡,而且还增加焊接时间,降低了工作速度。更为严重的是,过量的焊锡很容易造成不易觉察的短路故障。焊锡过少也不能形成牢固的结合,同样是不利的。特别是焊接印制板引出线时,焊锡用量不足,极容易造成导线脱落。

(a) 焊锡过多

(b) 焊锡过少

(c) 合适的锡量与
合适的焊点

图 C6　焊点锡量的掌握

（7）焊剂用量要适中

适量的助焊剂对焊接非常有利。过量使用松香焊剂,焊接以后势必需要擦除多余的焊剂,并且延长了加热时间,降低了工作效率。当加热时间不足时,又容易形成"夹渣"的缺陷。焊接开关、接插件的时候,过量的焊剂容易流到触点上,会造成接触不良。合适的焊剂量,应该是松香水仅能浸湿将要形成焊点的部位,不会透过印制板上的通孔流走。对使用松香芯焊丝的焊接来说,基本上不需要再涂助焊剂。目前,印制板生产厂在电路板出厂前大多进行过松香水喷涂处理,无需再加助焊剂。

（8）不要使用烙铁头作为运送焊锡的工具

有人习惯到焊接面上进行焊接,结果造成焊料的氧化。因为烙铁尖的温度一般都在 300 ℃ 以上,焊锡丝中的助焊剂在高温时容易分解失效,焊锡也处于过热的低质量状态。

6. 焊点质量及检查

对焊点的质量要求,应该包括电气接触良好、机械结合牢固和美观三个方面。保证焊点质量最重要的一点,就是必须避免虚焊。

（1）虚焊产生的原因及其危害

虚焊主要是由待焊金属表面的氧化物和污垢造成的,它使焊点成为有接触电阻的连接状态,导致电路工作不正常,出现连接时好时坏的不稳定现象,噪声增加而没有规律性,给电路的调试、使用和维护带来了重大隐患。此外,也有一部分虚焊点在电路开始工作的一段较长时间内,保持接触尚好,因此不容易发现。但在温度、湿度和振动等环境条件的作用下,接触表面逐步被氧化,接触慢慢地变得不完全起来。虚焊点的接触电阻会引起局部发热,局部温度升高又促使不完全接触的焊点情况进一步恶化,最终甚至使焊点脱落,电路完全不能正常工作。这一过程有时可长达两年,其原理可以用"原电池"的概念来解释:当焊点受潮使水汽渗入间隙后,水溶解金属氧化物和污垢形成电解液,虚焊点两侧的铜和铅锡焊料相当于原电池的两个电极,铅锡焊料失去电子被氧化,铜材获得电子被还原。在这样的原电池结构中,虚焊点内发生金属损耗性腐蚀,局部温度升高加剧了化学反应,机械振动让其中的间隙不断扩大,直到恶性循环使虚焊点最终形成断路。

据统计数字表明,在电子整机产品的故障中,有将近一半是由于焊接不良引起的。然而,要从一台有成千上万个焊点的电子设备里找出引起故障的虚焊点来,实在不是容易的事。所以,虚焊是电路可靠性的重大隐患,必须严格避免。进行手工焊接操作的时候,尤其要加以注意。

一般来说,造成虚焊的主要原因是:焊锡质量差;助焊剂的还原性不良或用量不够;被焊接处表面未预先清洁好,镀锡不牢;烙铁头的温度过高或过低,表面有氧化层;焊接时间掌握不好,太长或太短;焊接中焊锡尚未凝固时,焊接元件松动。

（2）对焊点的要求

① 可靠的电气连接。

② 足够的机械强度。

③ 光洁整齐的外观。

（3）典型焊点的形成及其外观

在单面和双面（多层）印制电路板上,焊点的形成是有区别的,如图 C7 所示,在单面板上,焊点仅形成在焊接面的焊盘上方;但在双面板或多层板上,熔融的焊料不仅浸润焊盘上方,还由于毛细作用,渗透到金属化孔内,焊点形成的区域包括焊接面的焊盘上方、金属化孔内和元件面上的部分焊盘,如图 C8 所示。

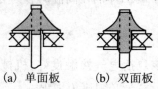

(a) 单面板　　(b) 双面板

图 C7　焊点的形成

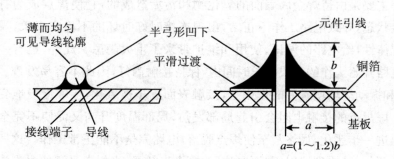

图 C8　典型焊点的外观

从外表直观看典型焊点,对它的要求是:形状为近似圆锥而表面稍微凹陷,呈慢坡状,以焊接导线为中心,对称成裙形展开。虚焊点的表面往往向外凸出,可以鉴别出来。焊点上,焊料的连接面呈凹形自然过渡,焊锡和焊件的交界处平滑,接触角尽可能小,表面平滑,有金属光泽,无裂纹、针孔、夹渣。

附录 D　电子整机的安装与调试

电子整机的安装与调试,是很多电子类及相关专业必备的实训项目之一,它既能帮助学生进一步巩固所学的书本知识,也能提高运用仪器、仪表检测元器件,以及手工焊接、元器件的布局、安装、电路的调试的能力,还有很强的趣味性,对培养创新能力、协作精神和理论联系实际的学风,促进工程素质的培养,提高针对实际问题进行电子制作的能力,有着不可替代的作用。

通过收音机的安装与调试的实际制作,既能熟悉常用电子元器件的类别、型号、规格、性能及其使用范围,正确识别和选用常用的电子器件,查阅有关的电子器件图书,独立完成简单电子产品的安装与焊接,熟悉印制电路板设计的步骤和方法;也能熟悉电子产品安装工艺的生产流程,熟悉手工制作印制电板的工艺流程,熟悉手工焊锡的常用工具的使用、维护;还能够根据电路原理图,进行元器件实物设计并制作印制电路板,为日后深入学习电子技术打下扎实的基础,增强独立工作的能力。

收音机是把广播电台发射的无线电波中的音频信号取出来,加以放大,然后通过扬声器还原出声音的装置。中波收音机的磁棒具有聚集电磁波磁场的能力,天线线圈则绕在磁棒上,通过电磁感应接收到的众多广播电台的高频载波信号,经过具有选频作用的并联谐振的输入回路,选出其中所需要的电台信号送入变频级晶体管的基极。同时,由本机振荡器产生的高频等幅波信号,它的频率高于被选电台载波 465 kHz,也送于变频级晶体管的发射极,二者通过晶体管发射结的非线性变换,将高频调幅波变换成载波为 465 kHz 的固定频率的中频调幅波信号。在这个变换过程中,被改变的只是已调幅波载波的频率,而调幅波的振幅的变化规律(调制信号即声音)并未改变。变换后的中频信号通过变频级集电极连接的 LC 并联回路选出载波为 465 kHz 的中频调幅信号,送到中频放大器放大后,再由检波器进行幅度检波,从而还原出音频信号,最后通过低频电压放大和功率放大,推动扬声器还原出声音。

超外差式调幅收音机的框图如图 D1 所示,实际电路如图 D2 所示,主要由天线、输入回路、本机振荡器、变频器、中频放大器、检波器、低频电压放大器、功率放大器等部分组成。

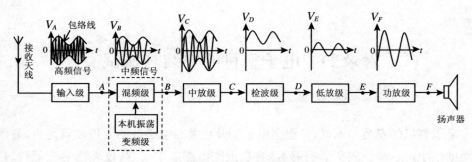

图 D1　收音机组成框图

1. 认图

根据收音机的组成框图,将图 D2 划分成输入回路、本机振荡器及变频器、中频放大器、检波器、自动增益控制、低频电压放大器、功率放大器等组成部分,确定各部分电路的组成元器件,分析各部分电路的工作原理,了解不同电路对应收音机的不同性能指标,元器件参数应该如何选取等。

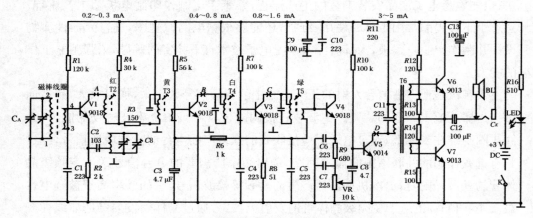

图 D2　七管超外差调幅收音机电路原理图

2. 元器件的认知、测试与挑选

根据元器件清单,检查元件的种类、型号和数量是否正确,通过仪器检查元器件的质量优劣,正确区分振荡线圈和中频变压器(俗称中周),输出变压器之间的区别、各个晶体管参数的不同等。

(1) 检查电阻器

首先根据被测电阻值选择万用表合适的量程进行测试。若用万用表测出的电阻值接近标称值,就可认为电阻器的质量是好的;若测得的电阻值与标称值相差很大,说明电阻变质;如果把选择开关拨到 $R \times 10$ k 挡,指针仍不动,说明电阻阻值极大或内部可能断路；如果测电阻时轻轻摇动引线，万用表指针摇晃不稳定，说明电阻引线接触不良。

（2）检查电位器

一般带开关的电位器有 5 个焊线端，最外侧的两个焊线端之间为电源开关。检查开关的好坏时，可将红黑表笔接触这两端，然后来回旋转开关，表针相应指示通、断。靠内侧的 3 个焊线端是可变电阻，设这三端依次为 1，2，3 端。用万用表测量 1，3 端的电阻，测得的电阻值应与这个电位器所标阻值基本相符。如果表针不动，说明电位器有断路。再测 1，2 端的电阻。将电位器逆时针方向旋转到底，这时电阻值应接近于零。然后顺时针慢慢旋动电位器，电阻值应逐渐增大。轴柄旋到底时，阻值应接近电位器的标称值。在慢慢旋动的过程中，万用表的指针应平稳移动，如有跌落、跳动现象，说明滑动触点接触不良。使用这种电位器的收音机会出现杂音，特别在调节音量时更为显著，在受震动时收音机也会出现“喀喀”的杂音。

（3）检查电容器

用万用表的电阻挡可大致鉴别 5 000 pF 以上电容器的好坏。检查时选电阻挡最高挡位，两表笔分别碰电容器两端，这时指针极快地摆动一下，然后复原。再把两表笔对调接此电容两端，表针又极快摆动一下，摆动的幅度比第一次大，然后又复原，这样的电容是好的。指针摆动愈厉害，指针复原的时间愈长，其电容量愈大。用万用表的电阻挡可以检查可变电容器的好坏，主要是检查其动片和定片是否有短路。方法是：用万用表的表笔分别接可变电容器的定片和动片，同时旋动可变电容的转柄，若表针不动，说明动、定片无短路。

（4）检查变压器

分别检查初、次级直流电阻。若测出电阻值为无穷大，说明断路。若测出的阻值为 0 Ω，说明线圈短路。

（5）检查喇叭

万用表拨在 $R \times 1$ 挡，用两表笔碰触喇叭线圈两端，喇叭若发出“喀喀”声，基本可以肯定此喇叭是好的。

（6）检查二极管和三极管

用万用表测二极管和三极管的方法请参考实验 1.2。

3. 安装

安装就是将元器件按照图 D2 对应的原理图，安装在图 D3 胶木板对应的位置处，穿孔后，在图 D4 的 PCB 面用焊料焊接起来的过程。

① 一般情况下，电路中的带“※”的电阻要用一个小于它阻值的固定电阻和一个电位器串联起来代替它，接入电路，等调试符合要求后，再用一个固定电阻换上。

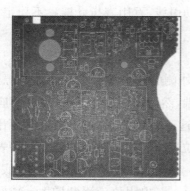

图D3　标注元器件位置的胶木板

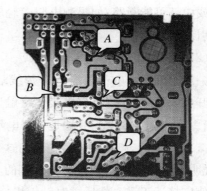

图 D4　带有助焊剂的印制电路板

② 注意电解电容有正负极性之分,三极管的管脚排列(有时不遵循它排列的一般规则)及三个中周的型号(它们的技术参数比如通频带、选择性不同,若装错会影响收音机的性能)。

③ 一般安装顺序是:功率放大级→前置放大级→变频级→二级中频放大级→检波。

④ 在元器件较为密集的地方,应将不怕烫的元器件先安装,怕烫的元件(如晶体管)后安装,同一个单元电路中应先安装大型或特征性元件,以它作为参考点,后安装小元件。有时,为了方便和快捷,先焊接电阻,再焊接晶体管,最后安装其他体积较大的元器件。

⑤ 电阻在安装时,一般先焊接卧式的,再焊接立式的,电阻器件的电阻体离胶木板的距离应控制在 1～2 mm,以留有一定的应力缓冲距离,中周和变压器等引脚较多的器件应贴紧胶木板放置,中周的引脚露出 PCB 面的长度和其他器件一样,不要超过 2 mm,屏蔽脚要压倒后焊接牢固。

⑥ 安装时,元器件的字符标记方向要方便辨认,倾斜方向要一致、整齐。

⑦ 元器件引脚的成形必须利用镊子、尖嘴钳等工具。不得随意弯曲,以免损伤元器件。

⑧ 印刷电路板要保持干净,不要用汗手触摸电路板上的焊盘,以免焊盘上的助焊剂挥发而使焊盘氧化生锈,导致焊接困难和虚焊。

4．焊接

焊接方法与要求请参考附录 C。

5．调试

装配和调试作为整个实践环节的两个阶段,是非常重要的。装配是电子器件的初步组装,构成硬件基础。调试包括调整和测试,调整是对组成整机的可调元器件、部件进行调整,测试是对整机各项电气性能进行测量,令各硬件特性相互协调,使整机性能达到最佳状态。

(1) 直流静态工作点的调试

① 在晶体管收音机电路中,由于各级的功能不同,各级晶体管的直流工作点也就不同。变频级包括混频电路和振荡电路两部分。从混频的要求来考虑,晶体管应工作在非线性区域,工作电流要小。但混频级还要求对中频信号有一定的放大作用,因而工作电流不能太小。所以,混频电路的工作电流一般取 0.2~0.4 mA。对振荡电路而言,工作电流大一些可使振荡电压强一些,从而提高变频增益。但振荡电压太强了会使振荡波形失真,谐波成分增加,反而使变频增益下降,并使混频噪声大大增强,所以振荡电路的工作电流一般取 0.4~0.7 mA。在一般的收音机实验电路中,振荡电路与混频电路合用一只晶体管,变频级的工作电流兼顾混频与振荡的要求,这一级的工作电流应取折中值,一般为 0.3~0.6 mA,即断口 A 处的电流(见图 D4)。

② 中放电路一般有两级。第一级中放要起自动增益控制作用,工作点应选在非线性区,工作电流一般取 0.4~0.8 mA,即断口 B 处的电流。这样加入自动增益控制后不易失真,效果也明显。第二级中放要有足够的功率增益,工作电流应适当取大一点,一般取 0.8~1.6 mA,即断口 C 处的电流。

③ 前置低放级的输入信号是从检波级送来的音频信号,幅度不大,所以该级的工作电流一般取 1~3 mA,即断口 D 处的电流。

④ 功放级一般采用推挽电路,为了消除交越失真,提高效率,应使它工作在甲乙类,工作电流一般取 2~6 mA。

⑤ 整机静态电流一般在 4~15 mA,加上指示用的 LED 电流,总电流在 6~20 mA,即开关处的电流值。

⑥ 调整第一级电流时,应该按照图 D4 的位置顺序,将天线线圈和与之对应的"地"焊接好。为了减小后级对前级的影响,一般测试断口处电流的顺序是:断口 D 处→断口 C 处→断口 B 处→断口 A 处,当电流在参考值范围内时,将断口焊接好,再进行下一断口的测试。所有电流都正常后,应该能收听到广播电台的信号,需要进行的是下一步调试。

(2) 本机振荡的调试

① 用示波器观察本机振荡的波形,同时旋转双连电容,观察波形的幅度在整个波段范围内是否均匀且等幅,波段内的电压峰-峰值是否在 200~300 mV 范围内。

② 用万用表直流电压挡测量变频级发射极电压,然后用镊子或螺丝刀的金属

部分将振荡电路的双连可变电容短接,观察万用表电压的变化,若电压下降 0.2 V 左右,则说明振荡电路正常;若电压不下降或下降小,说明振荡电路没起振。

（3）中频的调整

收音机中频的调整是指调整收音机的中频放大电路中的中频变压器,使各中频变压器组成的调谐放大器都谐振在规定的 465 kHz 的中频频率上,从而使收音机达到最高的灵敏度和最好的选择性。因此中频调得好不好,对收音机性能的影响是很大的。

新的中频变压器在出厂时都经过调整。但是,当这些中频变压器被安装在收音机上以后,还是需要重新调整的。这是由于它所并联的谐振电容的容量总存在误差,同时安装后存在布线电容,这些都会使新的中频变压器失谐。另外,一些使用已久的收音机,其中频变压器的磁芯也会老化,元件也有可能变质,这些也会使原来调整好的中频变压器失谐。所以,仔细调整中频变压器是装配新收音机和维修旧收音机时不可缺少的一步工作。

一般超外差式收音机使用的都是通用的调感式中频变压器。中频的调整主要是调节中频变压器的磁帽的相对位置,以改变中频变压器的电感量,从而使中频变压器组成的振荡回路谐振在 465 kHz 上。

打开收音机,开大音量电位器,将收音机的双连可变电容器全部旋进,避开外来信号。将调制信号发生器的输出频率调节在 465 kHz 上,调制频率用 1 000 Hz,幅度调在 30% 上。通过发射天线将信号耦合到收音机的天线上,调节信号发生器的输出使之由大逐渐减小,以扬声器中的声音能听清为准。由第三级中周 T_5 开始调节,逐级向前进行。用无感的胶木或塑料螺丝刀旋动中频变压器的磁帽,使示波器或毫伏表的读数最大。因前后级之间可能相互影响,上述过程应反复调整几次。

业余条件下,可以使用听音法——在收音机能收听到电台广播的情况下,选一个电台信号（信号强度不太大也不太小）,再根据上面所述的调试方法,一边听声音的大小,一边调中周,从后往前,一级一级,反复调几次,直到声音最响为止。用这种方法可以将中周基本调准。

6. 统调跟踪

收音机的统调跟踪主要是调整超外差式收音机的输入电路和振荡电路之间的配合关系,使收音机在整个波段内都能正常收听电台广播,同时使整机灵敏度及选择性都达到最好的程度。统调跟踪主要包括两个方面的工作:一是校准频率刻度,二是调整补偿,如图 D5 所示。

（1）频率刻度的校准

收音机的中波段通常规定在 535～1 605 kHz 的范围。它是通过调节双连可

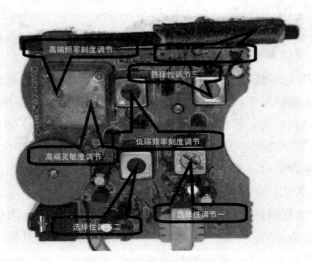

图 D5　中频、统调位置图

变电容器,使电容器从最大容量变到最小容量来实现这种连续调谐的。校准频率刻度的目的,就是通过调整收音机的本机振荡的频率,使收音机在整个波段内收听电台时都能正常工作,而且收音机指针所指出的频率刻度与接收到的电台频率相对应。

一般地,我们把整个频率范围内 800 kHz 以下称为低端,将 1 200 kHz 以上称为高端,而将 800~1 200 kHz 称为中端。正常的收音机,当双联电容器从最大容量旋到最小容量时,频率刻度指针恰好从 520 kHz 移到 1 605 kHz 的位置,收音机也应该能接收到 525~1 605 kHz 范围的电台信号。在这种情况下,我们称这台收音机的频率范围和频率刻度是准确的。但是,没有调整过的新装收音机或者已经调乱了的收音机,其频率范围和频率刻度往往是不准的,不是偏高就是偏低。如一个收音机所能接收到的信号频率不是 525~1 605 kHz,而是500~1 500 kHz,就称它的频率范围偏低。如果收音机所能接收到的信号频率是 700 kHz~2.1 MHz,就称它的频率范围偏高。如果接收到的信号是 525~1 500 kHz,就称它的高端频率范围不足。如果接收到的频率是 600~1 605 kHz,就称它的低端频率范围不足。对于这些收音机,必须校准频率刻度,才能达到应有的性能指标。

在超外差式收音机中,决定接收频率或决定频率刻度的是本机振荡频率与中频频率的差值,而不是输入回路的频率。当中频变压器调准也就是中频频率调准以后,校准收音机的频率刻度的任务实际上只需要通过调整本机振荡器的频率即可完成。

① 低端频率刻度的校对

校准频率刻度的基本原则是"低端调电感,高端调电容"。如果将最高端和最低端调准了,中间频率点一般就是准确的。

调整时,首先把双连全部旋进,指针指在刻度盘 525 kHz 附近的底线上。然后将调制信号发生器的频率调到 525 kHz,用无感螺丝刀旋动振荡线圈的磁芯,使示波器的指示值达到最大。若收音机的本振频率低于(525 + 465) kHz,要提高它,就要减小电感量,振荡线圈的磁芯应向外旋,反之,若频率高于(525 + 465) kHz,则振荡线圈的磁芯应向里旋。

② 高端频率刻度的校对

调整时,首先把双连全部旋出,指针指在刻度盘 1 605 kHz 附近的底线上。然后将调制信号发生器的频率调到 1 605 kHz,用无感螺丝刀旋动振荡连电容 C_B,使示波器的指示值达到最大。若收音机的本振频率低于(1 605 + 465) kHz,要提高它,就要减小电容量,电容应向外旋,使接触面积减小,反之,若频率高于(1 605 + 465) kHz,电容应向内旋,使接触面积增大。

③ 频率刻度的统较

上述调整过程中,由于高、低端频率调整的相互影响,调整时需要反复进行,最后才能达到高、低端频率刻度的稳定。

(2) 补偿的调整

本机振荡频率与中频频率就确定了输入回路应接收的外来信号频率。而此时的输入回路是否与此信号频率谐振,就决定了超外差式收音机的灵敏度和选择性。调整补偿就是调整输入回路,使它与振荡回路跟踪并正好在这一外来信号的频率上谐振,从而使收音机的整机灵敏度和选择性达到最佳状态。

调整补偿要进行所谓"三点统调",即在输入调谐回路的低端 600 kHz、中端 1 000 kHz 和高端 1 500 kHz 处进行调整。

① 低端灵敏度的补偿

调整时,首先把指针指在刻度盘 600 kHz 附近的刻度线上。然后将调制信号发生器的频率调到 600 kHz,用无感螺丝刀调整线圈 L_{12} 在磁棒上的位置,使示波器的指示值达到最大,理想的位置是线圈 L_{12} 在磁棒的端头处(端头处磁通的变化量最大)。

② 高端灵敏度的补偿

调整时,首先把指针指在刻度盘 1 500 kHz 附近的刻度线上。然后将调制信号发生器的频率调到 1 500 kHz,用无感螺丝刀调整补偿电容 C_b 的容量,使示波器的指示值达到最大。

③ 中端灵敏度的补偿

高、低端补偿调整时，会出现高端灵敏度高时低端灵敏度低，低端灵敏度高时高端灵敏度低的现象，这时就需要进行中端灵敏度的调整，中端灵敏度调整的实质是，降低低端灵敏度提升高端灵敏度，降低高端灵敏度提升低端灵敏度，从而达到整个频段灵敏度的一致。

由于高、低端的相互牵制，上述调整需要反复多次才能达到要求。

7. 功放的动态调试

将一音频信号加在输入变压器 T_6 的初级，接上电源，此时可听到扬声器中有音频声，说明推挽功放级的工作是正常的，若声音失真，说明推挽管 V_6，V_7 两者中有一个不正常。再将音频信号加在 V_5 的基极，此时听到扬声器中的声音比加在 T_6 的初级要大，说明 V_5 的工作是正常的。若将信号加在音量电位器 VR 的上端，调节电位器，则扬声器中的声音应跟着变化，说明功放级、前置级已调好。

附录 E　课程设计评审表

姓　名		专业		年级		学号	
设计题目							

评价内容	评　价　指　标	评分权值	评定成绩
作品质量	外观整洁,元器件布局合理,PCB 板面紧凑,指标测试接口完整,各项指标满足要求	60	
论文质量	叙述简练完整,文字通顺,技术用语准确,符号统一,编号齐全,书写工整规范,图表完备;方案选择正确、合理;计算及测试结果准确;对前人工作有改进或突破,或有独特见解,有创新意识,格式符合要求	20	
工作量、工作态度	按期完成规定的任务;工作量饱满,难度较大;工作努力,遵守纪律;工作作风严谨务实	20	
合　　计		100	

指导教师评语	

附录 F　课程设计报告封面参考格式

20××级模拟电子技术课程设计

××××的设计与制作

姓　　名：＿＿＿＿＿×××＿＿＿＿＿

专　　业：＿＿＿＿××××××＿＿＿＿

学　　号：＿＿＿＿＿×××＿＿＿＿＿

指导教师：＿＿＿＿＿×××＿＿＿＿＿

20××年××月

参 考 文 献

［1］ Paul Horowits，Winfield Hill．电子学［M］．吴利民，等，译．北京：电子工业出版社，2013．

［2］ 任为民．电子技术基础课程设计［M］．北京：中央广播电视大学出版社，1999．

［3］ 高文焕，张尊侨，徐振英，等．电子技术实验［M］．北京：清华大学出版社，2004．

［4］ 孙肖子．电子设计指南［M］．北京：高等教育出版社，2006．

［5］ 陈大钦．电子技术基础实验：电子电路实验设计仿真［M］．2 版．北京：高等教育出版社，2000．

［6］ 康华光，陈大钦，张林．电子技术基础：模拟部分［M］．6 版．北京：高等教育出版社，2013．

［7］ 陈凌霄，张晓磊．电子电路测量与设计实验［M］．北京：北京邮电大学出版社，2015．

［8］ 唐续，刘曦．现代电子技术综合实验教程［M］．北京：电子工业出版社，2013．

［9］ 童诗白，华成英．模拟电子技术基础［M］．4 版．北京：高等教育出版社，2006．

［10］ 李雪梅，童强，何光普．模拟电子技术基础实验与综合设计仿真实训教程［M］．西安：西安电子科技大学出版社，2015．

［11］ 高吉祥．电子技术基础实验与课程设计［M］．2 版．北京：电子工业出版社，2005．

［12］ 卢结成．电子电路实验及应用课题设计［M］．合肥：中国科学技术大学出版社，2002．

［13］ 高有堂．电子设计与实战指导［M］．北京：电子工业出版社，2007．

［14］ 刘斌．电子电路课程设计基础实训［M］．北京：机械工业出版社，2013．

［15］ 陈俊．电子基础实训教程［M］．北京：北京邮电大学出版社，2011．

［16］ 姚素芬．电子电路实训与课程设计［M］．北京：清华大学出版社，2013．

［17］ 于卫．模拟电子技术实验及综合实训教程［M］．武汉：华中科技大学出版社，2008．